Anthony Bourke
John Rendall
Der Löwe Christian

Anthony Bourke
John Rendall

Der Löwe Christian

Ein Löwenbaby und seine zwei Freunde –
eine wahre Geschichte

Deutsch von Elfriede Peschel

LIMES

Die vorliegende erweiterte und aktualisierte Ausgabe erschien 2009
unter dem Titel »A Lion Called Christian« bei Bantam Press,
an imprint of Transworld Publishers,
a Random House Group Company, London.
Die Originalausgabe erschien 1971 bei William Collins.

Dieses Buch basiert auf tatsächlichen Erlebnissen, Erfahrungen und Erinnerungen der Autoren. Nur in wenigen Fällen wurden Namen, Daten oder andere Details geändert, um die Privatsphäre von Personen zu schützen. Bis auf diese Ausnahmen hat sich alles so zugetragen, wie von den Autoren geschildert.

FSC
www.fsc.org
MIX
Papier aus verantwortungsvollen Quellen
FSC® C014889

Verlagsgruppe Random House FSC-DEU-0100
Das für dieses Buch verwendete FSC-zertifizierte Papier
EOS liefert Salzer, St. Pölten.

1. Auflage

Satz: Buch-Werkstatt GmbH, Bad Aibling
Druck und Einband: Friedrich Pustet KG, Regensburg
Printed in Germany
ISBN: 978-3-8090-2580-1

www.limes-verlag.de

Für Christian und für unsere Familien,
die ihn nie kennengelernt haben

Inhalt

Vorwort

von George Adamson

Im April 1970 erhielt ich einen Brief aus London von meinem Freund Bill Travers, der mir von »Christian« erzählte, einem englischen Löwen in fünfter Generation, und der mich fragte, ob ich bereit wäre, ihn zu übernehmen und in der Wildnis seiner Vorfahren auszuwildern. Diese Idee sagte mir sehr zu, nicht nur, weil Christian damit eine lebenslange Gefangenschaft erspart bliebe, sondern auch, weil es aller Wahrscheinlichkeit nach das erste Mal wäre, dass ein englischer Löwe in das Leben zurückgeführt würde, für das er erschaffen war.

Ich war zuversichtlich, dass sein ererbtes Wissen und seine Instinkte sich trotz seiner Aufzucht durchsetzen würden, sobald sie Gelegenheit dazu bekämen. Ich muss allerdings zugeben, dass ich angesichts seiner beiden Besitzer nicht mehr so zuversichtlich war, denn sie wollten Christian begleiten und ein paar Wochen in meinem Camp verbringen. Wegen ihrer langen Haare und ihrer exotischen Kleidung glaubte ich, sie wären ziemlich oberflächliche und modische Typen. Und als am Flughafen von Nairobi mein Blick als Erstes auf rosa Hosen mit weitem Schlag und wehende Locken fiel, sah ich meine Vorurteile bestätigt. Aber Ace und John gelang es schon sehr bald, meinen Glauben an die junge Generation wiederherzustellen. Auf Anhieb konnte ich die tiefe Zuneigung und das Vertrauen der beiden zu Christian spüren. Ich weiß aus Erfahrung, wie schwer es ihnen gefallen sein muss, Christian den Gefahren und Entbehrungen ausgesetzt zu wissen, die einen Löwen in der Wildnis erwarten.

Während ich dies schreibe, ist Christian fast zwei Jahre alt. Er fühlt sich in dieser Wildnis so wohl, als wäre er hier geboren. Er musste nur am Anfang ein bisschen abgehärtet werden, ansonsten war kein Training notwendig. Der wunderbare Vorrat an ererbtem Wissen hat ihm den Weg gezeigt.

Kampi ya Simba, Kora
15. Juli 1971

Einführung

1971 verfassten wir *A Lion Called Christian,* die Geschichte eines Löwen aus London, der nach Afrika zurückkehrte. Und nun, knapp vierzig Jahre später, hat YouTube im Internet Christian einem neuen Publikum auf der ganzen Welt vorgestellt, das von seiner ungewöhnlichen Geschichte fasziniert und entzückt ist.

Wir waren damals zwei junge Touristen aus Australien. Kaum waren wir in London eingetroffen, kauften wir im Kaufhaus Harrods aus heiterem Himmel ein Löwenbaby. Zuerst lebten wir mit ihm zusammen in London, dann auf dem Land, und schließlich wurde seine Rückkehr nach Kenia arrangiert, wo er von George Adamson, der durch *Born Free* (dt. *Frei geboren. Die Königin der Wildnis)* zu Ruhm gelangt war, ausgewildert wurde.

Über George Adamson und das vom ihm zusammengestellte Löwenrudel wurde eine zweiteilige Dokumentation, *The Lion at World's End* und *Christian the Lion,* gedreht, in deren Mittelpunkt Christians Rückkehr in die Wildnis stand. Der YouTube-Clip zeigt unser unvergessliches Wiedersehen nach einem Jahr (1971). Unser Löwe war in der Zwischenzeit viel größer geworden.

Wir waren beide stolz auf unser 1971 erschienenes Buch. Wir hatten es geschrieben, als wir Anfang zwanzig waren, und diese revidierte und aktualisierte Fassung fußt auf dem ursprünglichen Text. Wir nutzten jedoch die Gelegenheit, neue Informationen einfließen zu lassen und einige Klarstellungen vorzunehmen, und in einigen Fällen haben wir auch versucht, uns genauer auszudrücken.

Nach vierzig Jahren sind manche Erinnerungen noch immer sehr lebendig, andere sind inzwischen verschwommen. Wir haben zwei sehr gute Bücher zu Hilfe genommen, die auf Christian Bezug nehmen: George Adamsons Autobiografie *My Pride and Joy (1986;* dt. *Meine Löwen, mein Leben)* und *The Great Safari: The Lives of George and Joy Adamson* von Adrian House (1993). Diese Bücher bestätigten uns die Chronologie bestimmter Ereignisse und versorgten uns darüber hinaus mit neuen Informationen. Als weitere Quelle dienten uns die Briefe, die Ace in dieser Zeit an seine Eltern schrieb. Bis vor Kurzem wusste er gar nicht, dass sie aufbewahrt worden waren. Die erste Ausgabe von *A Lion Called Christian* erzählte seine Geschichte bis 1970, diese Neuausgabe enthält zusätzlich unsere Besuche bei Christian in den Jahren 1971 und 1972.

Diese Neuauflage ist dem großen Interesse geschuldet, das Christians Geschichte aufgrund des YouTube-Clips über unsere Wiederbegegnung im Jahr 1971 erfährt. Ende 2007 erhielten wir E-Mails, in denen wir darauf aufmerksam gemacht wurden, dass das Filmmaterial über unser Wiedersehen bei YouTube zu sehen sei. Wir wissen nicht, wer es dort hineingestellt hat. Wir selbst wären sicher nicht auf die Idee gekommen, weil wir es rein technisch gar nicht gekonnt hätten. Wir haben dieses Interesse nicht genau verfolgt, aber Anfang 2008 haben wir bemerkt, dass dieser Clip sich großer Beliebtheit erfreute. Er ging, untermalt von Whitney Houstons gefühlvoller Version von »I Will Always Love You«, als eine jener »Schick dies jemandem, den du magst«-E-Mails um die ganze Welt. Millionenfach wurde er angeklickt und mit anderen Websites verlinkt. Ab und zu lesen wir die Kommentare, fühlen uns dabei allerdings wie Voyeure unseres eigenen Lebens. Die meisten Menschen fanden den Clip überaus bewegend, und die Kommentare fielen sehr positiv aus, was offenbar ungewöhnlich ist, wie wir häufig lesen konnten. Es war eine ganz besondere Erfahrung, die wir alle miteinander teilten.

Das Internet ist ein nicht zu kontrollierender Urwald, und viele Informationen über Christian und uns waren falsch, vor allem die Unterstellung, wir seien in Gefahr gewesen, als wir zurückkamen, um Christian zu besuchen.

George kannte Christian seit einem Jahr, und er war zuversichtlich, dass der Löwe uns wiedererkennen und uns willkommen heißen würde, auch wenn er später zugab, dass er nicht mit einer derart überschwänglichen Zuneigung gerechnet hätte.

Dann zeigte die amerikanische Fernsehmoderatorin Ellen DeGeneres den Clip in ihrer Sendung und lud Virginia McKenna und John dazu ein. Sie hatten leider keine Zeit, aber aufgrund des Clips wurde die Seite drei Millionen Mal angeklickt. Das führte zu vielen weiteren Ausstrahlungen im Fernsehen weltweit. Christian war inzwischen rund um den Globus bekannt. Wir hörten auf mitzuzählen, als es über vierundvierzig Millionen Klicks wurden und die Zahl der Links auf über achthundert stieg. Hollywoodproduzenten meldeten sich. Lustige Verballhornungen und Parodien sind seitdem aufgetaucht, und eine weitere unbekannte Person hat Christian zu Facebook gebracht, wo er jetzt viele Freunde hat.

1971 war Christians Geschichte sehr bekannt. Das Buch wurde in vier Sprachen veröffentlicht und in vielen Zeitschriften als Serie abgedruckt. Die Dokumentation *The Lion at World's End/Christian the Lion* wurde in vielen Ländern mehrmals ausgestrahlt. Dann ließ das Interesse natürlich allmählich nach, und mit der Zeit wurde die Erinnerung an diese Erfahrung so unwirklich, dass sie uns wie ein geheimer Traum, wie ein Fantasieprodukt oder sogar wie eine Halluzination vorkam.

Damals, Anfang der siebziger Jahre, kannten die Menschen die ganze Geschichte – es war ja neu, dass ein Londoner Löwe nach Afrika zurückgekehrt war. Dieses Mal jedoch konzentrierten wir uns aufgrund des kurzen Clips auf die liebevolle Beziehung, die uns mit einem rasch wachsenden, angeblich wilden Tier verband, und auf das außergewöhnliche Willkommen, das er uns nach einem Jahr bereitete. Das Interesse und die Aufmerksamkeit waren überwältigend für uns und gaben uns die Gelegenheit, so viele Jahre später über diese Erfahrung nachzudenken. Eine Frau, die uns gemailt hat, Joanna C. Avery, meinte, wir könnten die Vorurteile überwinden, mit denen die Gesellschaft Tiere betrachtet, und die Unterschiede zwischen uns überbrücken, damit endlich das enthüllt wird, was Mensch und Tier verbindet.

Wir haben versucht zu verstehen, warum der Clip bei Millionen von Menschen so tiefe Gefühle ausgelöst hat. Ist es die bedingungslose Liebe, die Christian zeigt? Geht es ums Aufwachsen und um Trennung? Um Verlust und Einsamkeit und die Freude des Wiedererkennens? Projizieren die Menschen ihre Gefühle und Bedürfnisse auf die Beziehung zu ihren eigenen Tieren und den Trost und die Kameradschaft, die diese ihnen geben? Unser Leben ist von Technologie beherrscht, und Unternehmungen im Freien werden durch Computerspiele ersetzt. Sind wir inzwischen der natürlichen Welt entfremdet? Sehnen wir uns nach einer Zeit, als die Kindheit sorgloser und sicherer war, mit mehr Freiheit und Zeit für Abenteuer?

Das Internet hat die Kommunikation revolutioniert und bietet nach wie vor unvorstellbare Möglichkeiten der sozialen Vernetzung, man kann Unterhaltung und Informationen ebenso verbreiten wie soziale und politische Aktivitäten. Durch das Internet können wir wirklichen Einfluss auf Dinge nehmen, an die wir glauben. Wir fragen uns manchmal, was wir gemeinsam erreichen könnten, wenn wir uns vornähmen, ein paar der dringendsten Probleme im sozialen Miteinander, in der Umwelt und beim Naturschutz zu lösen.

I

Ein Löwe mit Preisschild

Es gibt keinen Zoo ohne Löwen. Der kleine Zoo in Ilfracombe in Devon, im Südwesten Englands, machte da keine Ausnahme, und der Löwe und die Löwin waren ein besonders prächtiges Paar. Den Löwen hatte man im Rotterdamer Zoo erworben, und die Löwin stammte aus dem Biblical Zoo in Jerusalem. Ihr erster Wurf kam am 12. August 1969 zur Welt: vier gesunde Welpen, ein Männchen und drei Weibchen.

Neun Wochen später, als der Sommer vorbei war und man keine Attraktion mehr für Urlaubermassen benötigte, wurden zwei weibliche Welpen an einen Tierhändler geschickt und danach an einen Zirkus verkauft. Das verbliebene Weibchen und das Männchen kaufte Harrods, das Kaufhaus in Knightsbridge. Im Zug reisten sie nach London. Die vier Welpen schienen ebenso wie ihre Eltern zu einem Leben voller Enttäuschungen verdammt zu sein.

Drei Monate, bevor die Welpen geboren wurden, hatten wir unsicher, aber optimistisch Australien zum ersten Mal den Rücken gekehrt. Wir hatten beide unseren Universitätsabschluss gemacht und eine Reihe von Jobs ausprobiert, jedoch ohne klares Berufsziel. Wie viele Australier vor uns, darunter so bekannte Beispiele wie der Satiriker Barry Humphries, der Journalist und Rundfunksprecher Clive James, die Akademikerin und Schriftstellerin Germaine Greer, die Künstler Sidney Nolan, Brett Whiteley und Martin Sharp, der Autor Richard Neville und in jüngerer Zeit Kylie Minogue, verschlug es uns nach London. Viele Australier fuhren dabei quer durch Asien und den Nahen Osten, was heutzutage schwierig, wenn nicht unmöglich wäre. Wir reisten mehrere Monate lang getrennt voneinander und trafen uns unerwartet Ende November 1969 in London wieder. Wir gehören nicht zu den Menschen, die pflichtbewusst sämtliche Sehenswürdigkeiten abhaken, aber in einem ungewöhnlichen Anflug von Begeisterung besuchten wir unter anderem auch den Tower von London. Als passendes Kontrastprogramm entschieden wir uns anschließend zu einem ersten Besuch bei Harrods. Wir wussten, dass Harrods sich damit rühmte, alles beschaffen zu können, zu einem entsprechenden Preis natürlich. Ein Freund hatte sich einmal nach einem Kamel erkundigt und war gefragt worden: »Soll es mit einem

Höcker sein oder mit zwei?« Aber Harrods schien sogar unsere Vorstellungskraft zu überflügeln, denn als wir durch die Zooabteilung im zweiten Stock schlenderten, entdeckten wir zwischen Siamkatzen und alten englischen Hütehunden zwei Löwenwelpen in einem kleinen Käfig. Ein Löwenwelpe mit einem Preisschild – daran geht keiner so schnell vorbei. Die Welpen erwiesen sich als erfolgreicher Hingucker für das Weihnachtsgeschäft und hatten gute Chancen, ein Weihnachtsgeschenk für jemanden zu werden, der schon alles hat.

Wir hatten uns bis dahin noch keine Gedanken über Löwen gemacht. Natürlich hatten wir sie in Zoos gesehen, aber weiter ging weder unser Interesse noch unser Wissen über sie. Keiner von uns hatte Joy Adamsons 1960 erschienenes Buch *Born Free* (dt. *Frei geboren)* gelesen, die Geschichte der Löwin Elsa, die von Joy und ihrem Ehemann George Adamson, damals Wildschützer bei der kenianischen Naturschutzbehörde, als Welpe gefunden, aufgezogen und später ausgewildert wurde.

Wir hatten Mitleid mit den Welpen, denn so sehr sich die Angestellten auch um sie kümmerten, wurden sie doch ständig von neugierigen Kunden gestört. Auch wir selbst mussten uns zurückhalten. Jeder wollte eine Reaktion sehen. Das Weibchen knurrte beunruhigend, aber ihr Bruder tat so, als wären wir gar nicht da. Er war unwiderstehlich, und wir saßen stundenlang verzaubert vor seinem Käfig.

John: »Warum kaufen wir ihn nicht?«

Ace: »Ich habe ihn schon mal Christian getauft.«

Sehr viel später fanden wir heraus, dass die Angestellten ihm den Namen Marcus gegeben hatten, einen schönen Männernamen, aber Christian schien dem Welpen zu gefallen, und wir hatten Spaß an der Ironie, dass in römischer Zeit Christen den Löwen zum Fraß vorgeworfen worden waren, was uns zugleich an die Gefahr erinnerte, der wir uns selbst und die Leute um uns herum möglicherweise aussetzten.

Intuitiv wussten wir, dass wir beide es ernst meinten, und neugierige Erregung erfasste uns. Bestimmt konnten wir ihm ein besseres Leben als hier im Kaufhaus ermöglichen, und sei es auch nur für ein paar Monate. Sollten wir nicht versuchen, ihm eine bessere Zukunft zu garantieren? Oder wollten wir Christian den anderen nur wegnehmen, damit wir ihn für uns allein haben konnten? Keiner von uns beiden hatte je im Traum daran gedacht, ein exotisches Haustier zu besitzen, aber er war einfach unwiderstehlich.

Plötzlich hatten wir das Gefühl, unser Leben wäre unvollständig ohne einen Löwenwelpen. Für zwei junge Australier auf Europareise war die Idee zwar nicht gerade praktisch, aber wir wollten uns wenigstens den Luxus erlauben, ernsthaft darüber nachzudenken, ob es möglich wäre, ihn zu kaufen. Das Weibchen war verkauft worden, aber das Männchen war noch zu haben, für zweihundertfünfzig Guineas, was 2009 in etwa dreitausendfünfhundert englischen Pfund entspricht. Für uns war das eine gewaltige Summe, aber wir ließen uns nicht abschrecken und stimmten lässig überein, dass es ein sehr vernünftiger Preis zu sein schien. Die Verkäuferin der Zooabteilung meinte, wir sollten uns mit dem Einkäufer von Harrods in Verbindung setzen. Er werde, wie sie uns warnte, jeden potenziellen Käufer einer gründlichen Befragung unterziehen, da Harrods es für wichtig halte, dass die Löwen nicht in verantwortungslose Hände fielen.

Am nächsten Morgen kamen wir in respektablerer Aufmachung zurück, die Haare glatt frisiert und in den sportlichen Tweedjacketts, die unsere Eltern uns scharfsinnig als nützliche Kleidung fürs Ausland ans Herz gelegt hatten, bisher aber unangetastet ganz unten in unseren Koffern geblieben waren. Mithilfe von ein paar winzigen Notlügen und durch unsere Begeisterung gelang es uns, Roy Hazle, den Einkäufer von Harrods, davon zu überzeugen, dass wir verantwortungsvolle Beschützer/Pflegeeltern eines Löwen seien. Und so bekamen wir die Option, Christian zu erwerben, sobald Harrods bereit war, sich von ihm zu trennen.

Bis zu diesem Punkt schien alles ganz natürlich und unkompliziert zu laufen. Wir waren einkaufen gegangen und hatten einen Löwen gesehen, der uns gefiel und den wir jetzt kaufen wollten, aber erst in etwa drei Wochen ausgehändigt bekämen. Wir teilten uns eine kleine Wohnung in der King's Road in Chelsea über dem Laden, in dem wir beide Arbeit gefunden hatten, und wir waren alles andere als in der Lage, ein Tier zu halten, geschweige denn einen Löwen. Auf der Suche nach einer Erdgeschosswohnung mit einem Garten »für einen Hund« verbrachten wir fruchtlose Tage bei Wohnungsmaklern. Warum sollten wir ihnen die Wahrheit sagen? Entscheidend würde sein, ob wir einen Hausbesitzer überzeugen konnten. Allmählich verließ uns der Mut, also beschlossen wir, eine Anzeige in der *Times* zu schalten. Wir gingen davon aus, dass der couragierte oder exzentrische Vermieter, den wir bisher nicht hatten finden können, vielleicht Leser dieser Zeitung war.

LÖWENWELPE, 2 junge Männer suchen passendes Haus mit Garten in London. 3527252.

Die einzigen Reaktionen, die wir bekamen, waren unzählige Anrufe anderer Zeitungen, die den Löwen schon mal fotografieren wollten.

In unserer Verzweiflung sahen wir unsere letzte Chance darin, die Inhaber des Ladens, Joe Harding, John Barnardiston und Jennifer-Mary Taylor, davon zu überzeugen, dass ihr Geschäft außer uns als ihren Angestellten in ihren Geschäftsräumen unbedingt einen Löwenwelpen brauchte, zumal der Laden Sophistocat hieß. John Barnardiston war als Engländer von Natur aus vorsichtig, glücklicherweise hielt er sich zu dieser Zeit aber in der Schweiz auf. Joe Harding war in Kenia geboren und hatte schon mehrere Tiere gehabt, sodass von ihm keine Einwände kamen, und Jennifer-Mary war begeistert. Wir beschlossen, dass Christian im Kellergeschoss des Ladens leben sollte, als Überraschung für John, wenn dieser aus der Schweiz zurückkam. Da wir über dem Laden wohnten, schien dies die Ideallösung zu sein, denn wir konnten Christian all die Aufmerksamkeit geben, die nötig sein würde. Doch auch wenn Sophistocat über ein riesiges Kellergeschoss mit mehreren Räumen verfügte, mussten wir für Christians Auslauf noch einen Garten finden.

Zum Glück wohnten Freunde von uns nur dreihundert Meter vom Laden entfernt in einem Studio mit Zugang zu einem bestens geeigneten Garten. Er war gut dreitausend Quadratmeter groß, ganz umzäunt und gehörte der Moravian Church. Der Pastor beobachtete mit Begeisterung Vögel. Er war nicht abgeneigt, seine zoologischen Interessen auszuweiten, und so erteilte er uns großzügig die Erlaubnis, den Garten zu benutzen. Jetzt endlich fühlten wir uns in der Lage, Harrods zu versichern, dass wir die praktischen Voraussetzungen für den Besitz eines Löwen in London tatsächlich erfüllten.

Wenn wir aus der Distanz vieler Jahre zurückblicken, hätten wir natürlich niemals die Erlaubnis bekommen dürfen, einen Löwen zu kaufen. Was die Risiken anging, waren wir vollkommen naiv, wir hatten nicht einmal einen entsprechenden Versicherungsschutz abgeschlossen. 1973 trat in England ein gesetzlicher Schutz für gefährdete Tierarten in Kraft, der sogenannte Endangered Species Act. Aus diesem Grund handelt Harrods nicht mehr mit exotischen Tieren und hat nun eine »Haustierabteilung« statt einer »Zooabteilung«. Heute sind wir uns dessen bewusst, dass der Verkauf und Erwerb wilder oder exotischer Tiere dem Handel mit ihnen Vorschub leistet.

Unsere Aufregung wurde immer größer, aber gleichzeitig wuchs auch unsere Sorge angesichts der Probleme, die uns erwarteten und auf die wir in keinster Weise vorbereitet waren. Wir hatten keine realistische Vorstellung davon, inwieweit ein Löwe domestiziert werden konnte, und waren uns im Klaren, was für eine unmögliche und sinnlose Aufgabe wir lösen mussten. Zwar waren wir in tierliebenden Haushalten groß geworden, aber das bereitete uns nicht auf das vor, was vor uns lag.

Ace war in Newcastle aufgewachsen, einer Stadt im Norden von Sydney, im Bundesstaat New South Wales. Er lebte am Rande der Stadt, wo der Busch begann, ritt auf Pferden und hatte immer Hunde als Haustiere gehabt. Mit elf Jahren hatte er seine erste Katze auf dem verlassenen Nachbargrundstück gefunden. Viele Camping- und Angelurlaube führten die Familie an die Küste und aufs Land.

John kam aus Bathurst, einer größeren Stadt auf dem Land, zweihundert Kilometer von Sydney und der Küste entfernt. Zu den Haustieren der Familie gehörten Katzen, mehrere robuste Kelpies, die australischen Hütehunde, und oft auch Kängurus, die gerettet wurden, wenn deren Mütter entweder als Schädlinge geschossen oder auf der Straße überfahren worden waren. Auch Kaninchen wurden als Schädlinge angesehen. Sie und ihr Jäger, der Fuchs, sind Beispiele dafür, wie sehr die Umwelt und die ansässigen Tierarten darunter leiden, wenn zusätzlich fremde Tiere eingeführt werden.

Bei Harrods sagte man uns, die Welpen seien von Geburt an von Menschen betreut worden, und beide, Christian ganz besonders, würden auf liebevolle Zuwendung reagieren. Er war etwas ganz Besonderes, und er schien ein reizendes, ausgeglichenes Wesen zu haben. So oft es uns möglich war, gingen wir zu Harrods, um mit den Welpen zu spielen, wenn sie nach Geschäftsschluss für eine Stunde aus dem Käfig gelassen wurden. Wir wollten so viel Zeit wie möglich mit Christian verbringen, denn seine Übersiedlung in die King's Road zu Sophistocat würde umso leichter werden, je vertrauter wir ihm waren. Beide Welpen waren überaus verspielt, und auch wenn wir gut mit ihnen zurechtkamen, waren sie manchmal doch ziemlich unberechenbar. Sie hatten sehr scharfe Zähne und Klauen, und sie hatten noch nicht gelernt, sie zu kontrollieren, und so ließen sich Kratzer nicht vermeiden. Christian war sehr viel zugänglicher als seine Schwester, und wir hofften, dass er weniger wild und leichter zu handhaben sein würde, wenn er erst einmal von ihr getrennt war.

Roy Hazle machte den vernünftigen Vorschlag,

dass wir, bevor wir uns endgültig dafür entschieden, Christian zu kaufen, Kontakt zu Charles Bewick und Peter Bowen aufnehmen sollten, die ein Jahr zuvor einen Puma bei Harrods gekauft hatten. Der Puma, der nach einer Freundin der Familie, der Primaballerina Dame Margot Fonteyn, Margot genannt wurde, war inzwischen ausgewachsen, und wir fühlten uns in ihrer Nähe nie ganz wohl, obwohl sie sich an das Leben in London angepasst zu haben schien. Man versicherte uns, sie würde sich tadellos benehmen, und da Peter und Charles in der Lage gewesen waren, ihr sehr viel Zeit zu widmen, war sie so weit domestiziert, dass sie ein recht glückliches Leben an ihrer Seite führen konnte. Das war ermutigend für uns, denn sie hatten die Erfahrungen mit ihr offenbar sehr genossen, und das Ganze war längst nicht so kompliziert verlaufen, wie sie erwartet hatten.

Uns wurde bewusst, dass wir Christian höchstens etwa sechs Monate lang würden behalten können. Er würde sehr schnell zu groß sein für jegliches Umfeld, das wir ihm zu bieten vermochten. Trotzdem waren wir entschlossen, diese Monate so glücklich und so sicher wie möglich für ihn zu gestalten. Aber war es fair, wenn er dann wieder in einen Zoo zurück musste? Für ihn würde dadurch alles nur noch härter werden, und für uns wäre das ganze Unternehmen nicht mehr als ein wunderschöner Luxus. Deshalb entschlossen wir uns zu einem Besuch im Longleat Safari Park in Wiltshire, um zu sehen, ob dies ein Ort wäre, der für

Christian in Frage kommen könnte. Der Park, das Ergebnis einer Zusammenarbeit zwischen dem Marquis of Bath und Jimmy Chipperfield, dem Zirkusbesitzer, war 1966 eröffnet worden. Es war der erste Safaripark außerhalb von Afrika, mit einem innovativen Pflegekonzept für die Tiere. Doch die Zukunft war ungewiss, weil die Nachbarn fürchteten, dass die Löwen ausbrechen könnten. Wir wussten, dass sich in den Anfangstagen des Parks grundlegende Theorien über Löwen und ihr Verhalten als falsch herausgestellt hatten, und mehrere Tiere waren gestorben. Doch nun, da sich der Park über mehr als vierzig Hektar Land erstreckte und man die Löwen in Rudel aufgeteilt hatte, schienen dort die besten Lebensbedingungen für Löwen in England entstanden zu sein. Roger Cawley, der Manager, meinte, er würde sich freuen, wenn er Christian aufnehmen könnte, sobald er für uns zu groß geworden sei.

Nun waren wir nicht nur in der Lage, Christian aufzunehmen, sondern wir konnten auch sicherstellen, dass er den Rest seines Lebens nicht in einem Zoo oder einem Zirkus verbringen musste. Aber dennoch plagten uns beide ernsthafte Zweifel. Waren wir wirklich bereit, diese riesige Verantwortung zu übernehmen? Darüber, dass Christian ein Löwe war, also ein im Grunde wildes Tier und, vom Menschen abgesehen, das mächtigste Raubtier, das wir da in unser Leben und in das Leben der Menschen um uns herum holten, konnten wir nicht einfach hinwegsehen. Wir wussten, dass eine funktionierende Mensch-Löwe-Beziehung kein Ding der Unmöglichkeit war, aber wir hatten keine Gewissheit, dass uns dies mit Christian gelingen würde. Er war jetzt vier Monate alt und wuchs sehr schnell. Bald schon würde er in der Lage sein, erheblichen Schaden anzurichten. Aber immer wenn einer von uns beiden unseren Leichtsinn und die Risiken ins Feld führte, sprach der andere von der unvergesslichen und aufregenden Erfahrung, die vor uns lag.

Was uns schließlich zusammenschweißte, war der hartnäckige Widerstand vieler Menschen, die wir kannten, gegen unsere Idee, Christian zu kaufen. Unbewusst stärkten sie unsere Entschlossenheit, die Herausforderung anzunehmen, der wir uns ansonsten vielleicht nicht gestellt hätten. Unsere Eltern waren natürlich entsetzt, warnten uns aber nur vor einer Entscheidung, die »ihr vielleicht bereut«, und davor, dass »es euch schwerfallen könnte, Christian wegzugeben«. Es war ein Schritt ins Unbekannte. Wir waren jung, wir wollten Spaß und Abenteuer, und wir hatten Australien, unsere Eltern und ein paar von unseren Hemmungen hinter uns gelassen. Es war das Ende der historisch so bedeutsamen sechziger Jahre und der Beginn der siebziger, eine Zeit gewaltiger sozialer Veränderungen, voller Optimismus und Möglichkeiten.

Am 15. Dezember 1969 erhielten wir einen Anruf, und man informierte uns, dass wir Christian unerwartet schon ein paar Tage früher abholen konnten. Er und seine Schwester waren mitten in der Nacht in die Teppichabteilung nebenan entkommen und hatten dort Ziegenfellteppiche zerstört, die zur Weihnachtsdekoration gehörten. Wir holten Christian am nächsten Tag ab und gingen mit ihm an der Leine durch den Personalausgang. Die Angestellten winkten zum Abschied und waren offensichtlich erleichtert, dass sie nun keine Verantwortung mehr für den jungen Löwen trugen. Mit dem majestätisch und trügerisch still auf dem Rücksitz des Wagens thronenden Christian fuhren wir los in die King's Road, überaus glücklich und aufgeregt, aber gleichzeitig voller Angst, wir könnten uns auf etwas eingelassen haben, das eine Nummer zu groß für uns war.

2

Sophistocat

Die Fahrt von Harrods in Knightsbridge zu Sophistocat in Chelsea ist nur kurz, aber nach den im Käfig verbrachten Monaten schien für Christian die Welt plötzlich gewaltige Dimensionen angenommen zu haben. Als das Auto sich in Bewegung setzte, kletterte er erschrocken und verwirrt über uns hinweg, und wir mussten häufig anhalten. Wir wussten ja nicht, wie wir ihn unter Kontrolle bringen konnten. Wir versuchten ihn mit einem riesigen Teddybären zu besänftigen, den wir für ihn als Willkommensgeschenk gekauft hatten, aber er war überhaupt nicht interessiert daran. Was sollten wir tun? Endlich trafen wir vor dem Sophistocat ein, wo die Freunde schon ungeduldig warteten. Wir trugen ihn in den Laden, und Christian, der nun viel ruhiger war, tapste herum und untersuchte alles. Dabei wich er geschickt all den Händen aus, die sich vorsichtig und ungläubig nach ihm ausstreckten, um ihn zu tätscheln. Er richtete seine Aufmerksamkeit fast ausschließlich auf uns. Dank der mit ihm nach Ladenschluss bei Harrods verbrachten Stunden waren wir für ihn vermutlich das einzige Bindeglied zu seiner unmittelbaren Vergangenheit. Wir blieben fast die ganze Nacht auf und spielten mit ihm. Christian gehörte uns.

Ein Löwe, der in der King's Road in Chelsea wohnte, war damals keine allzu große Sensation. In den sechziger Jahren war London zum Mekka der Designer, Musiker, Künstler, Fotografen und Schriftsteller und ihrer Gefolgsleute geworden, die alle zum »Swinging London« gehörten. Die Beatles, David Bowie und die Rolling Stones waren in Chelsea ein vertrauter Anblick. Zu den damaligen Modedesignern zählten Mary Quant, Barbara Hulanicki von Biba, Zandra Rhodes, Ossie Clark und Michael Fish. Exotische Tiere waren Teil dieser glamourösen Mischung: Außer Margot, dem Puma, kannten wir einen Serval, der in der Nähe lebte. John Aspinall, der Besitzer des Casinos, hielt Tiger und Gorillas. Trendige Klamottenläden, Restaurants, Klubs und Antiquitätenmärkte reihten sich ab dem Sloane Square an der King's Road entlang. Die Fassade war vergänglich, aber der Grundcharakter blieb unveränderlich: oberflächlich und prätentiös, aber mit hohem Spaßfaktor und nicht ohne Anziehungskraft. Jeden Samstag blockierte eine Parade von selbstbewussten Menschen und teuren Autos die Straße. Touristen kamen, um zu gaffen, während die anderen, prächtig und extravagant gekleidet, herkamen, um sich begaffen zu lassen. Damals machte es Spaß, diese Sachen zu tragen, aber im Nachhinein müssen wir zugeben, dass wir Opfer der Mode gewesen sind, und heute betrachten wir die Mode der siebziger Jahre, die man in letzter Zeit als Retro wiederaufleben lässt, mit amüsierter Verlegenheit.

Sophistocat verkaufte antike Kiefernholzmöbel. Der Laden lag in einer merkwürdigen Ecke, die World's End genannt wurde und historisch die Stelle markierte, wo die King Charles II's Road endete und damit auch der Schutz vor Wegelagerern – eine zwielichtige Tradition, die fortdauerte. World's End, am unteren Ende der King's Road gelegen, wurde Teil des schicken Chelsea, und die Ortsansässigen ärgerten sich über die wachsende Zahl der feinen Antiquitäten- und Modeläden, darunter auch Nigel Weymouths »Granny Takes a Trip« und Vivienne Westwood und Malcolm McLarens Boutique, die damals »Seditionaries«, später »Sex« hieß und jetzt »World's End«. Es dauerte nicht lange, und am schäbigeren Ende unserer King's Road tauchten der Punk und die dazugehörende Mode auf.

Nach zwei Tagen schien Christian sich vollkommen an seine neue Umgebung angepasst zu haben. Alle anfänglichen Hemmungen waren verschwunden, und der Teddybär war längst in seine Einzelteile zerfetzt. Ganz offensichtlich genoss er seinen größeren Freiraum in diesem riesigen zweigeschossigen Laden, und ohne seine Schwester war er auch längst nicht mehr so ungestüm. Nichts deutete darauf hin, dass er sie vermisste. Vielleicht waren wir eine Art Ersatz, und da ihm die bei Katzen sonst übliche Distanz zu Menschen abging, wollte er immer in unserer Nähe sein. Löwen sind nicht so herablassend wie andere Katzen, und ihr Sozialverhalten gleicht eher dem von Hunden. Löwen *wissen* einfach, dass sie die Nummer eins sind, und setzen Überlegenheit voraus. Mit seinen vier Monaten, fast dreißig Pfund und etwa sechzig Zentimetern Länge war er ein mehr als lebensgroßer Teddybär. Er liebte es, herumgetragen und geknuddelt zu werden. Dann legten sich seine Pfoten sanft um unseren Nacken, und seine Zunge leckte über unser Gesicht. Er hatte weiches, gelb-braunes Fell mit überraschend vielen Tupfen. Seine Pfoten, sein Kopf und seine Ohren waren im Vergleich zum restlichen Körper unverhältnismäßig groß und vermittelten uns einen Eindruck von der Größe und der Stärke des Tiers, zu dem er sich einmal entwickeln würde. Aber beherrscht wurde sein Erscheinungsbild von seinen schönen runden rostfarbenen Augen. Sein Wesen war bezaubernd und friedfertig, und der Umgang mit ihm war so leicht, dass wir schon dachten, wir hätten die Probleme, die mit dem Besitz eines Löwen verbunden waren, zu sehr dramatisiert. Er war sogar stubenrein. Pingelig wie alle Katzen, hatten er und seine Schwester bei Harrods immer dieselbe Ecke ihres Käfigs benutzt, und so waren wir, was das anging, optimistisch.

In einem der Kellerräume hatten wir ein Heizgerät installiert und Decken zum Schlafen für ihn ausgebreitet. In eine Ecke stellten wir ein improvisiertes extragroßes Katzenklo für Löwen. Nachdem er zwei Tage lang wahllos Pfützen und Haufen verteilt hatte, weswegen er jedes Mal einen Klaps bekam, und dann von uns zur Toilette getragen wurde, war dieses Problem gelöst. Er lernte rasch seinen Namen und »nein«. Alles schien ganz einfach zu sein.

Er war anpassungsfähig und gewöhnte sich an Regeln. Sein Tag begann um acht Uhr morgens, wenn einer von uns nach unten ging. Auch wenn sich das ungewöhnlich anhört – er musste ziemlich oft von uns geweckt werden. Dann begrüßte uns ein verschlafen blinzelnder kleiner Löwe liebevoll und ging auf unsicheren Beinen zu seinem Klo, um sich dort hinzuhocken. Danach war es Zeit, ihn zu füttern. Seine ersten und letzten Mahlzeiten des Tages bestanden aus einer Babykost-Mischung: Complan, Farex und Milch mit Abidec-Tropfen für zusätzliche Vitamine. Sandy Lloyd, die Verkäuferin in der Zooabteilung von Harrods, hatte die Welpen vergöttert und sich hervorragend um sie gekümmert und uns mit einem sorgfältig ausgewogenen Ernährungsplan für Christian versorgt. Zwei Hauptmahlzeiten, die er am späten Vormittag und am frühen Abend bekam, bestanden aus einem Dreiviertelpfund rohem Fleisch, einem rohen Ei und einem Löffel Knochenmehl, um einem Kalziummangel vorzubeugen. Beim Fleisch wechselten wir ab und gaben ihm ab und zu auch ein nicht gehäutetes Kaninchen. Danach trug Christian immer mehrere Tage lang die Haut durch Sophistocat, bis sie sich schließlich auflöste oder der Gestank zu penetrant wurde. Er freute sich über große Knochen zum Spielen und Nagen, und da er sich nicht mit anderen Tieren darum streiten musste, konnten wir gefahrlos an sein Essen, während er aß.

Wir entdeckten, dass die vorgefassten Meinungen über Löwen oftmals falsch sind. So ist es beispielsweise ein Irrtum zu glauben, es sei gefährlich, einem Tier wie einem Löwen rohes Fleisch zu fressen zu geben, weil sie dadurch angeblich zu »Menschenfressern« werden. Wir bedachten die köstlichen Filetsteaks, die ein französischer Koch manchmal für Christian vorbeibrachte, mit ziemlich neidischen Blicken. Der Koch liebte Löwen und hatte natürlich Zugriff auf große Fleischvorräte. Christians Fleischbedarf wuchs von Woche zu Woche, und seine Ernährung wurde so kostspielig, dass wir es sehr bedauerten, keinen Vegetarier aus ihm machen zu können!

Christian war auf anstrengende Weise verspielt. Große Mengen Spielzeug und Gummibälle lagen im Laden und im Kellergeschoss verstreut. Papierkörbe erfreuten sich besonderer Beliebtheit und wurden zuerst über den Kopf gestülpt, sodass sie ihm komplett die Sicht versperrten, danach wurden sie zerlegt. Wir mussten ihm robustes Spielzeug kaufen, denn die durchschnittliche Lebenszeit eines normalen Teddybären war zwei Minuten. Er forderte ständig unsere

Aufmerksamkeit, und ihn zu ignorieren war schlicht unmöglich. Wenn einer von uns Zeitung las oder telefonierte, kletterte Christian ihm sofort auf den Schoß. Sophistocat war ein Dschungel aus Möbeln, und er pirschte sich unaufhörlich hindurch und wurde ein Experte im Erfinden von Spielen. Er wusste, dass er uns nicht anspringen durfte, aber er wartete so geschickt hinter einem Möbelstück, dass es den Anschein hatte, als würden wir uns vor ihm verstecken, und dann konnte er reinen Gewissens die Initiative ergreifen und uns anspringen. Wir machten es uns zur Gewohnheit, nervös über die Schulter zu schauen. Und wenn wir ihn dann entdeckten, hinter einem Möbelstück versteckt und mit spitzbübischem Blick, gab er lässig vor, sich die Pfoten zu putzen, anstatt sich darüber zu ärgern, dass wir ihm den Spaß verdorben hatten, denn in seinem Spiel ging es ja gerade darum, sich anzuschleichen und uns zu überraschen. Meist gelang es uns sehr schnell, seine Absichten zu durchschauen, wenn wir ihm in die Augen blickten. Er war immer unterhaltsam und lustig, aber auch immer anstrengend und fordernd.

Wenn wir mit ihm spielten, versuchten wir zu verhindern, dass er zu wild wurde oder sich zu sehr hineinsteigerte. Wir kämpften auch nicht mit ihm oder ermunterten ihn, uns zu jagen. Wir ließen uns auch niemals anmerken, dass er uns ab einem gewissen Punkt körperlich überlegen war und uns verletzen könnte. Wir sorgten dafür, das es keine gefährlichen

Situationen gab, in denen er seine überlegene Stärke unter Beweis stellen konnte. Hatte er uns beim Spiel in eine unterlegene oder eine »Alpha«-Position auf dem Boden gebracht, spürte er instinktiv seinen Vorteil, und er wurde von einer Energie und Entschlossenheit erfasst, die uns alarmierte und die ihn zu verblüffen schien.

Jeden Morgen wartete er freudig darauf, dass Kay Dew auftauchte. Sie machte jeden Tag sauber, und Christian war sich sicher, dass sie nur zu seinem Vergnügen kam. Er jagte hinter ihrem Besen her, ritt auf dem Staubsauger und stahl oder aß ihre Staubtücher. Sie konnte recht gut mit ihm umgehen, verfolgte aber mit Sorge, dass die Schmierstreifen von Farex und Complan auf den Fenstern und Glastüren allmählich immer weiter nach oben reichten.

Als Christian in die King's Road kam, war er noch so klein, dass wir ihn durch den Laden tollen lassen konnten, selbst wenn wir Kunden hatten. Unsere anfängliche Warnung: »Haben Sie was gegen Löwen?« nahmen die wenigsten ernst. Eine Frau, die uns nicht glauben wollte, meinte, als sie einen von Christians Knochen entdeckte: »Der gehört ja mindestens zu einem Löwen.« – »Genau das haben wir versucht, Ihnen klarzumachen. Drehen Sie sich um.« Und sie verfolgte ungläubig, wie Christian vorbeitrottete, um sich seinen Knochen zu holen. Meistens war es gut fürs Geschäft, und die Besitzer von Sophistocat waren unglaublich tolerant. Selbst Engländer mussten eine Reaktion zeigen, wenn sich ein Löwenwelpe auf dem antiken Tisch aus Kiefernholz räkelte, den sie zu kaufen gedachten. Die meisten Kunden waren entzückt, und keiner beschwerte sich über eine Laufmasche im Strumpf oder einen Riss im Hosenbein. Viele weibliche Kunden kehrten an Samstagen, an denen wegen der King's Road Parade ohnehin schon viel los war, mit skeptischen Ehemännern und Freunden und einer ganzen Horde Kinder zurück, und bei Sophistocat herrschte plötzlich eine Atmosphäre wie im Zoo oder im Zirkus, was so nicht gewollt war. Um dem Trubel zu entgehen, musste Christian fast den ganzen Tag im Kellergeschoss verbringen, und nur die besonders Enttäuschten oder die besonders Attraktiven konnten uns dazu überreden, sie auf einen Besuch mit nach unten zu nehmen.

Jeden Nachmittag gingen wir in den Garten der nahe gelegenen Moravian Church, damit Christian Auslauf hatte. Harrods hatte uns ein Geschirr und eine Leine für ihn mitgegeben, und auch wenn das Geschirr unpassend wirkte, es war notwendig, denn dadurch ließ er sich besser halten, und er vergaß auch rasch, dass er es umhatte. Anfangs versuchten wir, mit ihm an der Leine zum Garten zu spazieren, der nur dreihundert Meter entfernt lag. Aber er spazierte nie, sondern machte als Erstes immer einen kurzen Sprint und setzte sich danach sturköpfig hin. Der Verkehr und die Leute, die sich um ihn scharten, machten ihm Angst. Wir befürchteten außerdem, dass wir anderen

Tieren begegneten, denn auch wenn er kein besonderes Interesse an ihnen zu haben schien, waren sie doch eine willkommene Abwechslung für ihn. In den ersten paar Wochen konnten wir ihn einfach auf den Arm nehmen und tragen, aber schon bald war er zu schwer, und der kurze Weg wurde zur Qual. Natürlich wäre es leichter gewesen, wenn er an der Leine gegangen wäre, aber wir wären ungerecht gewesen, wenn wir ein derart unnatürliches Verhalten von einem Löwen verlangt hätten, also beharrten wir auch nicht darauf, sondern fuhren ihn im Auto oder im Lieferwagen von Sophistocat dorthin. Er fügte sich, war aber immer rastlos, denn Löwen werden nie irgendeine Form von Einschränkung akzeptieren.

Der Garten war ideal: keine Menschen, keine Tiere und umgeben von einer hohen Ziegelmauer. Diese Mauer stammt noch aus der Tudorzeit, und die dort errichteten Wohnungen und die alte Kapelle im Garten sind auf den Grundmauern der Ställe von Sir Thomas More erbaut. Nach einer Reihe bedeutender Besitzer verkaufte Sir Hans Sloane das Anwesen 1750 an den Grafen Zinzendorf aus Sachsen, der das Land erwarb, um eine mährische Ansiedlung in England zu gründen. Sie gehörten zu den ersten unabhängigen Protestanten. Sie hatten ihre Bruderschaft 1457 gegründet, aus Protest gegen den Sittenverfall und die politischen Bestrebungen der römisch-katholischen Kirche in Böhmen. Sie nannten sich Mährische Brüder statt Böhmische Brüder, in Erinnerung an eine

Gruppe von Flüchtlingen aus Mähren, die sich 1722 auf dem Anwesen des Grafen Zinzendorf in Sachsen ansiedelte. Der Sohn des Grafen, Christian Renatus, Graf von Zinzendorf und Pottendorf, ist in diesem Garten begraben. Es ist eigentlich ein Friedhof, aber die Gemeinde begräbt ihre Toten betont unauffällig – vertikal und mit sehr einfachen horizontalen Grabsteinen –, sodass der Friedhof eigentlich gar nicht zu erkennen ist. Wenn wir zurückblicken, fühlen wir uns allerdings ein wenig schuldig, dass wir auf einem Friedhof gespielt haben.

Für Christian gab es eine große Spielwiese und Bäume und Hecken, hinter denen er sich verstecken konnte. Interessanterweise dauerte es mehrere Wochen, bis er sich an so viel Raum gewöhnt hatte, und anfangs wollte er das Zentrum des Gartens, wo er sich hinter den Hecken schützen konnte, nie verlassen. Aber dann wurde der Garten zu seinem Revier, und er war begeistert. Besonderen Spaß hatte er daran, uns zu jagen und anzuspringen, doch wir hielten es nicht für ratsam, diese Angewohnheit bei einem Löwen zu fördern, also kickten wir für ihn Fußbälle, damit er hinterherjagen konnte. Er war unglaublich schnell, und seine Bewegungen sahen fließend aus, wie aus einem Guss. Wenn er hinter einem Ball herrannte, warf er sich darauf und rollte damit theatralisch hin und her. Nur wenige Male schneite es, und dann rutschte er begeistert auf dem Schnee herum. Die Kälte machte ihm nichts aus. Jeden Tag verbrachten wir eine Stunde im Garten. Das schien lange genug zu sein, denn es kam nur sehr selten vor, dass er ungern zu Sophistocat zurückkehrte. Außerdem war es dann Zeit für seine Lieblingsbeschäftigung.

Am späten Nachmittag pflegte Christian majestätisch im Scheinwerferlicht auf den Möbeln im Schaufenster zu sitzen und die Aktivitäten in World's End zu beobachten. Er war die Hauptattraktion des Viertels, und die Ortsansässigen, vor allem die Kinder, liebten ihn und waren sehr stolz auf ihn. Er schien allen zu gehören. Immer wenn er im Schaufenster lag, zog er Massen von dankbaren Bewunderern oder erstaunten Neuankömmlingen an. Das waren glückliche Stunden. Wenn es zu viele Leute waren und sie ihm die Sicht versperrten, wechselte er einfach das Fenster. Wenn Autofahrer Christian erblickten, wie er sich unbefangen zur Schau stellte, kam es häufiger vor, dass einer auf den Wagen des Vordermanns auffuhr. Und in einem vorbeifahrenden Bus wurde folgender Dialog zwischen einem Kind und seiner Mutter aufgeschnappt: »Mummy, da war ein Löwe im Schaufenster!« – »Mach dich nicht lächerlich. Wenn du nicht aufhörst zu lügen, sage ich es deinem Vater, damit er dir mal eine ordentliche Tracht Prügel verpasst.«

3

Adel verpflichtet

Wir hatten Christian nicht gesagt, dass er ein Löwe ist. Wir dachten, das würde nur zu einem löwengemäßen Verhalten führen, und das würden wir bestimmt bedauern. Wir vermieden es, das Wort »Löwe« zu gebrauchen, wenn er bei uns war, mussten aber gelegentlich L-Ö-W-E buchstabieren vor Leuten, die Christian wegen seiner Tupfen für einen Leoparden hielten. Er genoss es, sich in den großen Spiegeln bei Sophistocat anzuschauen, und wenn er auch nicht wusste, was für ein Tier er war, so wusste er doch genau, wie er aussah. Er begleitete uns oft, wenn wir im Wagen unterwegs waren, und da es vermutlich mehr Löwenskulpturen in London gibt als lebende Löwen in Afrika, entschlossen wir uns, ihm die Wahrheit zu sagen, bevor er selbst dahinterkam und merkwürdige Fragen stellte. Wir fuhren mit ihm zum Trafalgar Square, um uns die Löwen am Fuß der Nelson-Säule anzuschauen. Er freute sich, dass er ein derart augenfälliges Symbol des Adels war. Glücklicherweise veränderte das sein Verhalten nicht, denn er hatte wie alle Katzen von Anfang an seine Überlegenheit vorausgesetzt. Aber zu viel Wissen könnte gefährlich oder verwirrend sein, und so baten wir den Pastor der Moravian Church, ihm nicht zu sagen, dass die frühen Christen an die Löwen verfüttert worden waren.

Wie bei Harrods zu erwarten, hatte man uns einen Qualitätslöwen verkauft. Er war sehr gesund und von angenehmem Wesen. Er war ausgeglichen und ließ sich nicht so leicht erschrecken oder verängstigen. Diese Eigenschaften verstärkten sich durch sein Vertrauen in uns und sein Gefühl der Sicherheit. Weil sein Verhalten im Allgemeinen recht vorhersehbar und beständig war, gestaltete sich das Leben mit ihm einfacher, als es hätte sein können. Wir verhielten uns ihm gegenüber sehr vorsichtig, und auf diese Weise lernten wir ihn kennen, und wir lernten rasch von ihm. Nur ganz selten schätzten wir seine Absichten falsch ein, und mit der Zeit konnten wir Situationen vorhersehen, in denen er vielleicht unberechenbar reagieren würde.

Es fiel uns nicht schwer, psychologische Verhaltensmuster bei ihm zu erkennen, die man im Allgemeinen nur auf Menschen anwendet. Auch wenn uns bewusst ist, dass wir damit die Grenze zwischen Mensch und Tier verwischen, hatten bestimmte Aspekte seiner Persönlichkeit aus unserer Sicht durchaus menschliche Züge. Sein »Sinn für Humor« schien dem unseren sehr ähnlich zu sein. Wenn er über irgendetwas stolperte – und mit seinen riesigen Pfoten war er ziemlich tollpatschig –, schien es ihm »peinlich« zu sein, und er tat dann ganz schnell so, als sei nichts passiert, wie das die meisten Menschen auch tun. Anscheinend können Löwen viel besser mit Menschen kommunizieren als die meisten anderen Tiere. Wir machten die Erfahrung, dass die beiden mächtigsten Raubtiere der Erde vieles gemeinsam haben.

Christians Persönlichkeit war vielfältig, und das Wissen, dass er bei uns war, erfüllte den Laden und unser Leben jeden Tag aufs Neue. Uns wurde klar, dass wir ihm möglichst viele natürliche Ausdrucksmöglichkeiten erlauben mussten, denn die Monate unseres Zusammenlebens sollten für ihn so glücklich sein wie möglich. Damit er das zufriedene, ausgeglichene Tier blieb, das er war, war es nicht nur notwendig, ihm unsere Zeit und Zuneigung zu schenken, wir mussten auch die Einschränkungen auf ein Minimum begrenzen.

Wir führten ein Leben in gegenseitigem Respekt, und Christian verhielt sich nie unterwürfig wie ein Haustier. Wir machten keinen Versuch, ihn zu domestizieren oder abzurichten, was unserer Erfahrung nach wahrscheinlich auch katastrophale Folgen gehabt hätte. Man muss bezweifeln, dass ein Löwe jemals beherrscht werden kann; ihn zu kontrollieren ist wahrscheinlich das Äußerste, was sich erreichen lässt. Und der Respekt eines Löwen lässt sich nicht leicht verdienen. Christian war von entschlossenem Wesen, aber er schien zu merken, dass er kooperieren musste, und er lernte auch sehr schnell, welche Verhaltensweisen nicht erlaubt waren. Keiner von uns hatte je mit Zirkustieren zu tun gehabt, auch nicht mit Tieren, die für Live-Unterhaltungen verwendet werden. Also können wir nur vermuten, was für psychologische Spielchen, Bestechungen, Belohnungen und Bestrafungen nötig sind, um Tiere zu einer darstellerischen Leistung zu bewegen. Roy, die eine Hälfte des Las-Vegas-Showduos Siegfried und Roy, wurde 2003 während einer magischen Tiershow von einem seiner Tiger angegriffen.

Christian konnte es nicht ausstehen, wenn man ihn übersah, und er war sich seiner Wirkung auf Menschen nur allzu bewusst. So konnte er auch nicht widerstehen, die Reaktionen von neuen Kunden auszutesten. Er hatte ein gutes Gedächtnis für die Menschen, die nicht gut mit ihm zurechtgekommen waren. Wie alle Tiere spürte er genau, wenn sich jemand in seiner Gegenwart unwohl fühlte, und dies nutzte er zu seinem Vorteil. Hatten Kunden ihn nicht auf den Treppenstufen im Laden bemerkt, knurrte er, um sich ihrer Aufmerksamkeit sicher zu sein. Von dieser beherrschenden Position aus fegten seine Pranken mehr als einmal Hüte und Brillen vom Kopf. Er war überaus neugierig, und seine Augen beobachteten ständig und suchten nach etwas Neuem, das sich zu erforschen lohnte.

Seine Augen waren auch das Merkmal, das einen am stärksten in seinen Bann schlug. Es waren ausdrucksvolle, intelligente Augen, die Liebe und Vertrauen vermitteln, uns aber auch herausfordern und trotzen konnten. Manchmal leuchteten sie unglaublich klar und hell, aber sie konnten auch undurchsichtig und undurchdringlich sein und durch uns hindurchstarren.

Christian hatte ein hervorragendes Personen- und Ortsgedächtnis, und er zeigte im Vergleich zu anderen Löwen, die wir kennenlernten, ein hohes Maß an Intelligenz. Er lernte sehr schnell, wie er die Kellertür aufbrachte, wenn diese nicht abgeschlossen war. Seine Tagesration Essen bewahrten wir immer auf verschiedenen Schränken im Büro im rückwärtigen Teil des Ladens auf, und sehr oft gelang ihm die schwierige Übung, hoch genug auf ein anderes Möbelstück zu klettern, sich dann auf seine Hinterbeine zu stellen und sein Essen auf den Boden zu fegen.

Im Unterschied zu den meisten anderen Mitgliedern der Katzenfamilie sind Löwen gesellige und soziale Tiere, die in einem großen Familienverband leben. Christian betrachtete uns als seine Familie und ging überaus liebevoll mit uns um. Löwen begrüßen einander mit einem zeremoniellen Berühren der Köpfe, und wir knieten uns oft hin, um ihm zu ermöglichen, das auch mit uns zu tun. Jede Trennung, egal, wie lang sie war, erforderte wieder eine zärtliche Begrüßung, ein Lecken und Knuddeln. Er genoss die Nähe, lehnte sich entweder an uns oder setzte sich sogar auf unseren Schoß. Manchmal sprang er vom Boden direkt in unsere Arme, eine Art der Begrüßung, wie man sie noch nie zuvor bei Löwen gesehen hatte. Natürlich konnte er auch arrogant und fordernd sein, aber wenn er Disziplin lernen musste, entweder mit Worten oder mit einem Klaps, akzeptierte er das. Er war auch nie nachtragend. Er hatte ein sehr genaues Gespür dafür, wenn wir unzufrieden mit ihm waren, und wenn er das Gefühl hatte, dass dies verdient war, unternahm er eindeutige und für gewöhnlich auch erfolgreiche Versuche, uns wieder für sich zu gewinnen.

Was sein Fressen anging, verhielt sich Christian weder aggressiv noch besitzergreifend, was darauf hindeutete, dass er in mancherlei Hinsicht ein außergewöhnlicher Löwe war. Es gab keine anderen Tiere, mit denen er sich messen musste, und dies dürfte zusammen mit dem Wissen, dass er regelmäßig gefüttert wurde, zu diesem Verhalten geführt haben. Leute jedoch, die weitaus besser über Löwen Bescheid wussten als wir, waren immer erstaunt, wie er mit seinem Fressen umging. Er hatte einen gesunden Appetit und schlug uns in seinem Eifer oft sein Fressen aus den Händen, bevor wir Zeit hatten, es auf den Boden zu legen. Aber wenn nötig, konnten wir ihm sein Futter auch wegnehmen, sogar aus seinem Maul. Das Mark in den Knochen war eine besondere Delikatesse für ihn, aber da er es nicht herauslösen konnte, leckte er es sanft von unseren Fingerspitzen.

Um zu kommunizieren und Kontakt aufzunehmen, sind Löwen weitgehend auf ihr Maul angewiesen. Er leckte uns, um uns seine Zuneigung zu zeigen. Seine raue Zunge untersuchte Oberflächen immer auf ihren Geschmack und ihre Textur. Er hatte scharfe Milchzähne, lernte aber, da er gerne unsere Hände und Arme in sein Maul nahm, rasch, uns nicht damit zu beißen. Es gab jedoch Situationen, da stand sein Maul einfach nur offen und wartete darauf, von uns gefüllt zu werden. Dann mussten wir auf unsere Knie aufpassen, denn die waren genau in der richtigen Höhe für ihn. Oft waren unsere Hosen dort, wo seine Zähne oder Krallen hinkamen, zerrissen, und so wichen wir manchmal auf praktische flaschengrüne Overalls aus.

Ein Löwe muss seine Klauen und seinen Kiefer trainieren. In den ersten Wochen zerkratzte er auf diese Weise mehrere Tisch- und Stuhlbeine im Laden. Nach ein paar Klapsen hörte er damit auf, vor allem, als er entdeckte, dass er stattdessen das Treppengeländer benutzen konnte. Löwen sind Gewohnheitstiere. Im Vergleich zu anderen Katzen bewegen sie sich nur am Boden und springen nicht über sämtliches Mobiliar. Aber er genoss es, seinen Herrschaftsbereich von oben zu überblicken, und so setzte er sich oft auf

Tische und Kommoden. Zum Glück gab er der Treppe den Vorzug, denn dort konnte er noch weiter oben sitzen und eine Pfote elegant herunterbaumeln lassen. Tatsächlich beschädigte er nur wenige Möbel, und das auch nur, wenn er ausrutschte und seine Klauen ins Holz schlug, um Halt zu finden. Eines Tages hatten wir, was sehr unklug war, einen teuren Tisch mitten im Raum sehr geschmackvoll mit Besteck, Porzellan, Gläsern und Kerzen geschmückt. Plötzlich hörten wir, wie Glas zersprang, und wir wussten sofort, was passiert war. Durch den ungewohnten Anblick verwirrt, hatte Christian sich mit seinem Gewicht auf eine Seite des Tisches gestützt, und er und die Tischplatte waren auf den Boden gekracht. Der Tisch war bereits verkauft und hatte jetzt mehrere tiefe Kratzer. Wir riefen die Frau an, die ihn gekauft hatte, und entschuldigten uns bei ihr. »Machen Sie sich keine Sorgen«, sagte sie. »Ich bin nur in den Laden gekommen, um Christian zu sehen, der Tisch war nur ein Vorwand. Die Kratzer sind nicht weiter schlimm. Sie werden mich an diesen prächtigen Löwen erinnern.« Die Matratze auf einem Messingbett, das wir zu verkaufen versuchten, fand er einfach unwiderstehlich. Dieses Problem ließ sich erst lösen, als ein äußerst großzügiger Freund für Christian eine eigene Matratze kaufte. Aufgeregt schleppte er sie wie eine Beute hinunter ins Kellergeschoss, obwohl sie viel größer und schwerer war als er selbst.

Er hatte außerordentlich scharfe Krallen, und bevor er lernte, sie einzuziehen, bekamen wir viele Kratzer ab. Recht schnell jedoch kontrollierte er sie, und er merkte auch, dass wir zu spielen aufhörten, wenn wir gekratzt worden waren. Er lernte, sie eingezogen zu halten, aber wenn wir beobachteten, wie er mit seiner Matratze kämpfte, die für ihn die Rolle eines Zebras übernahm, an das er sich gerade angepirscht und das er zu Boden gerissen hatte, erinnerten wir uns wieder daran, dass er seine Krallen instinktiv ausfuhr.

Wie alle Löwen war Christian von Kindern fasziniert. Er schien in ihnen eine andere Spezies zu sehen als Erwachsene, und so reagierte er grundlegend anders auf sie. Wir achteten immer darauf, ihn festzuhalten, wenn Kinder im Laden waren. Eines Tages machte ein Fotograf einer Lokalzeitung ein Foto von ihm, wie er an der Leine vor Sophistocat stand. Eine Frau, die ihn offenbar für einen Hund hielt, ging mit ihrem zweijährigen Kind an ihm vorbei. Christian streckte neugierig eine Pfote aus und stieß das Kind um. Einer von uns schnappte sich Christian, während der andere dem Fotografen die Sicht versperrte, um ein Foto zu verhindern, auf das alle Zeitungen scharf sind. Das Kind war ein wenig benommen, aber so dick in Kleidung eingepackt, dass es sich unmöglich verletzt haben konnte. Anfangs war die Mutter wütend, aber als sie später mit mehreren Freundinnen und einer riesigen Kinderschar zurückkam, die sich Christian sofort näherte, wussten wir, dass sie sich inzwischen erholt hatte und den Vorfall offensichtlich sogar genoss.

Christian wurde unheimlich schnell größer. Binnen zweier Monate wuchs ihm schon eine kleine Mähne, und er sah plötzlich sehr erwachsen aus. Es war ungerecht und vermutlich auch unklug, zu erwarten, dass unschuldige Kunden sich damit abfanden, von einem Löwen, der hinter einer Kommode lauerte, angesprungen und von dessen riesigen Pranken am Oberschenkel umklammert zu werden. Die meisten Leute ließ er in Ruhe, aber wie viele andere Tiere erkannte er instinktiv jene, die Angst hatten, und er genoss es, sie zu necken. Aber wir durften keine Risiken eingehen, zumal keine Versicherungsgesellschaft bereit war, uns aufzunehmen.

Immer deutlicher spürten wir das Gewicht der Verantwortung, die daraus erwuchs, dass wir Christian besaßen. Der Fußballplatz von Chelsea befindet sich in der Nähe, und die Polizei kam zu uns, um uns den Rat zu geben, an Spieltagen Christian besser nicht im Schaufenster sitzen zu lassen, da dies unter den vorbeikommenden Fußballfans für Unruhe sorgen könnte. Er musste viel mehr Zeit im Kellergeschoss verbringen und durfte nur noch in den Laden, wenn keine Kunden da waren. Das Leben dort unten genoss er, und er hatte auch viele Spielsachen, aber er verübelte uns, dass er nicht mehr die Freiheit hatte, nach Belieben hoch in den Laden zu kommen. Manchmal hockte er sich grundlos auf sein Katzenklo, womit er uns sehr deutlich klarmachen wollte, dass er bereit sei, nach oben zu kommen. Wie alle Katzen schlafen auch

Löwen gern, wenn sie nichts Besseres zu tun haben, aber seine Stunden im Kellergeschoss wurden oft von Besuchen unterbrochen. Die anderen von Sophistocat, Joe, John und Jennifer-Mary, liebten Christian über alles, und er hatte sie genauso gern. Für gewöhnlich war mindestens einer von uns unten, um mit ihm zu spielen. Wenn Leute kamen, die ihn sehen wollten, führten wir sie nach unten, wo es leichter für uns war, die Lage im Griff zu behalten und wenn nötig zu verhindern, dass er sie ansprang. Er war ein ungewöhnlich toleranter Löwe, und es gab nur wenige Menschen, die er nicht leiden konnte. Was ihm an ihnen nicht passte, ließ sich schwer sagen, manchmal war es vielleicht ein penetrantes Parfüm oder ein Aftershave. An einem unserer Freunde sprang er immer dann hoch, wenn dieser einen speziellen Mantel trug.

Wir versuchten Christian im Unklaren darüber zu lassen, wie viel – oder wie wenig – Kontrolle wir über ihn ausübten. Nach den ersten paar Monaten brauchte er überraschend lang, um dahinterzukommen, dass wir ihn, obwohl wir ihn gerade noch tragen konnten, sofort loslassen mussten, wenn er sich zur Wehr setzte. Wenn er beim Spielen mit uns zu wild wurde, hörten wir immer auf, und aus diesem Grund erfuhr er nie, dass er den entscheidenden Entwicklungsschritt gemacht hatte: Er war uns körperlich überlegen. Für einen Löwen war er sehr folgsam und für gewöhnlich auch kooperativ. Nur sehr selten missachtete er unsere Proteste, aber wenn dies der Fall war, konnten wir nur wenig tun. Dann blieb uns nichts anderes übrig, als uns nicht anmerken zu lassen, dass wir beunruhigt waren, weil wir ihn nicht stoppen konnten. Es war ein faszinierendes psychologisches Wechselspiel, aber der Einsatz war hoch.

Löwen geben eindeutige und gleichzeitig faire Warnungen von sich, wenn ihnen etwas nicht passt. Angesichts ihrer Kraft, ihrer Zähne und ihrer Krallen wäre es sehr dumm, sie zu missachten. Nur einmal in all den Monaten, die Christian bei Sophistocat lebte, hatten wir wirklich große Angst vor ihm. Er entdeckte einen Fellgürtel, der von einem Mantel auf den Boden gefallen war, und rannte damit ins Kellergeschoss. Wir folgten ihm. Christian kaute an dem Gürtel herum und gab erregte Schmatzlaute von sich. Uns war klar, dass dies ein Ding war, das er nur ungern aufgeben würde. Wir versuchten, es ihm wegzunehmen, aber er legte seine Ohren flach und knurrte uns eine wütende Warnung entgegen. Jetzt war er ein wildes Tier, nicht mehr wiederzuerkennen. Wenn wir noch einmal versucht hätten, ihm den Gürtel wegzunehmen, hätte er uns mit Sicherheit angegriffen. Wir ließen ihn in Ruhe, entfernten uns aber nur ein paar Meter weit und unterhielten uns, als wäre nichts passiert und als hätten wir den Gürtel vergessen. Uns war klar, dass wir ihm nicht vermitteln durften, wie groß unsere Angst vor ihm war. Das hätte ihn womöglich ermuntert, diesen Auftritt zu wiederholen. Nach etwa fünf Minuten ließen seine Begeisterung über den Gürtel und seine

Wut nach. Die folgenden Stunden redeten und spielten wir ganz normal mit ihm. Wir respektierten seine eindeutige Warnung. Der Vorfall wiederholte sich nicht, aber Christian hatte uns eine wichtige Lektion erteilt, wie gefährlich er werden konnte.

4

»Der publicityscheue Dschungelkönig«

Als die Bürgermeisterin von Kensington und Chelsea ins Sophistocat kam, um Christian kennenzulernen, und sich über ihn beugte, um ihn zu streicheln, baumelte ihre kunstvolle Amtskette verführerisch vor ihm. Er konnte einfach nicht widerstehen: Mit seiner großen Pranke holte er aus und schlug danach. Die Kette wirbelte um ihren Hals. Die Bürgermeisterin war verdutzt, aber nicht verletzt. Löwen, Monarchen von Geburt an, lassen sich von den Insignien eines städtischen Amtes nicht beeindrucken.

Christian lernte die unterschiedlichsten Menschen kennen, und einige von ihnen besuchten ihn regelmäßig. Eine Frau kam mit kleinen Bärchen aus Gelee für den Bären, der, wie sie gehört hatte, hier leben sollte. Sie war sehr enttäuscht, dass Christian nur ein Löwe war und sich, noch schlimmer, von den Bärchen aus Gelee nicht in Versuchung führen ließ. Die Schauspielerinnen Diana Rigg und Mia Farrow, Kundinnen von Sophistocat, freuten sich, ihn kennenzulernen, und kamen beide ein zweites Mal, um mit ihm zu spielen. Da Christian nun viel Publicity bekam, suchten uns mehrere Leute im Laden auf, die besorgt waren, wir würden ihn nur als Werbegag benutzen, doch sie beruhigten sich sofort, wenn sie ihn sahen, wie glücklich und gesund er war und wie sehr er uns offenbar mochte.

Einen Löwen zu haben wurde fester Bestandteil unseres Lebens, und wir mussten akzeptieren, dass er so viel Interesse weckte. Wenn er nicht bei uns war, wurden wir ständig nach ihm gefragt. Geduldig mussten wir uns die Geschichten von Leuten über ihre »Wildkatzen« anhören, während andere sich in Erinnerungen über ihre Erfahrungen in Afrika ergingen. Ständig wurden wir gefragt: »Wie lange dauert es noch, bis er zum Menschenfresser wird?« Es war unvorstellbar für uns, solche Fragen mit Christian in Verbindung zu bringen, vor allem wenn wir ihm dabei zusahen, wie er mit seiner besten Freundin, Unity Bevis-Jones, spielte.

Unity lernte Christian im Januar 1970 kennen, einen Monat nachdem wir ihn gekauft hatten. Sie hörte, dass bei Sophistocat ein Löwe lebte, und machte sich sofort auf den Weg zum Laden. Von dem Tag an besuchte sie Christian jeden Nachmittag, und ihr Leben drehte sich nur noch um ihn. Sie war so zierlich, dass wir in Sorge waren, er könnte sie unabsichtlich verletzen, aber sie hatte ihn sehr gut im Griff. Als Schutz trug sie immer einen dicken Mantel und einen ziemlich verrückt aussehenden Filzhut. Der Hut verdeckte fast ihr ganzes Gesicht, und erst als Christian ihn schließlich nach mehreren Wochen verspeiste, stellten wir fest, wie hübsch Unity war.

Unity war süchtig nach Löwen. In Rom, wo sie als Schauspielerin arbeitete, hatte sie eines Tages beschlossen, einen Löwen zu besitzen, obwohl sie noch nie einen gekannt hatte. Es gelang ihr, den Zoo in Rom zu überreden, ihr eine neun Monate alte Löwin zu verkaufen, die gerade erst aus Afrika eingetroffen war und die noch nie zuvor Kontakt zu einem Menschen gehabt hatte. Unity kam gar nicht in den Sinn, dass man vor Löwen Angst haben könnte. Als Lola – so hieß die junge Löwin – in einer Kiste angeliefert wurde, war sie überrascht, dass ihre Mitmieterin sich vierzehn Tage lang in ihrem Zimmer einschloss. Unity machte die Erfahrung, dass Vermieter genauso unvernünftig reagierten, und sie schätzt, dass sie in den anderthalb Jahren, in denen sie und Lola zusammenlebten, etwa zwanzig Mal umzogen. Als Unity nach England zurückkehren musste, gab sie Lola an Freunde in der Nähe von Neapel. Unity spürte eine außerordentliche Nähe zu Christian, und wir konnten uns gut vorstellen, wie es ihr gelungen war, so erfolgreich und unfallfrei mit Lola zusammenzuleben, und das unter sehr viel schwierigeren Umständen.

Jeden Nachmittag, wenn Unity bei Sophistocat auftauchte, hörte man Christian im Keller lautstark mit irgendetwas Fußball spielen, für gewöhnlich mit einem Plastikeimer. Sobald er ihre Schritte auf der Treppe hörte, spielte er nicht weiter, sondern lauschte und wartete, wer es war. Wenn Unity dann sagte: »Hallo, Christian, ich bin es«, gab Christian ein lautes Brummen von sich – es war seine normale Begrüßung – und sprang dann an der verschlossenen Tür hoch, um sie durch ein kleines rundes Loch anzugucken. Damit er nicht die Treppe hochrannte, sobald sie die Tür öffnete, bat Unity ihn, sich ein Stück wegzubewegen, bevor sie hineinging. Christian gehorchte und deutete dann mit einem löwenartigen Miauen an, dass sie sicher hereinkommen konnte. »Nein«, sagte sie dann, »das ist noch nicht weit genug. Geh weiter weg.« Wenige Augenblicke hörte man nichts, dann brummte Christian wieder, und wenn dieses Brummen sich für Unitys geschultes Gehör weit genug weg anhörte, ging sie hinein und schloss die Tür hinter sich. Dann eilte Christian auf sie zu, um sie zärtlich zu begrüßen und sie, indem er sie an ihrem Mantel packte, begeistert durch das Kellergeschoss zu führen.

Gebärdete er sich zu wild und gehorchte nicht, wenn sie ihn tadelte: »Sei nicht so grob« oder »Hör auf, Christian«, schlich sie zur Tür, wenn er nicht hinsah, und verließ den Raum. Sofort rannte Christian hinter ihr her und miaute und brummte. Dann hörten wir Unity sagen: »Du bist sehr ungezogen, und wenn du dich nicht benimmst, komme ich nicht mehr wieder, um mit dir zu spielen. Ich bin kein Eimer, und ich möchte auch nicht wie einer behandelt werden.« Als Entschuldigung folgten ein paar traurige Brummlaute, die immer leiser wurden, weil er sich von der Tür wegbewegte. Damit wollte er Unity zu erkennen geben, dass sie wieder hereinkommen könne, ohne dass er die günstige Gelegenheit nutzen würde, nach oben zu rennen. Unity hatte ihn getadelt, und er hatte ihr verziehen, und ab sofort ging er sanft mit ihr um. Den Rest des Nachmittags verbrachten sie mit Spielen und Gesprächen.

Zu Christians liebenswertesten Eigenschaften gehörte, dass er zu jedem von uns eine ganz eigene Beziehung pflegte. Es waren oft nur ganz feine Unterschiede – verschiedene Arten, uns zu begrüßen, individuelle Spiele und Tricks –, und er wusste auch ganz genau, wie viel jeder von uns durchgehen ließ. Unity brachte es einfach nicht über sich, ihm irgendetwas zu verweigern. Sie ging auch oft mit uns in den Garten, und die Stunden, die sie jeden Tag mit ihm im Keller verbrachte, trugen ganz wesentlich dazu bei, dass er so sanft blieb. Jedes Tier hat eine Persönlichkeit, und man kann es ermutigen, sie zu entfalten. Unity öffnete uns die Augen, wie vielfältig Christians Persönlichkeit war.

Wir schenkten Christian mehr Zeit und Zuwendung als irgendeinem Menschen oder einer Sache. Es war ein Engagement und eine Verantwortung, die unser Leben mit einer bisher nie empfundenen Sinnhaftigkeit erfüllte. Wir verbrachten unsere Tage mit ihm, und erst nachts brachten wir ihn in sein Zimmer im Keller, wenn wir weggehen wollten. Einer von uns, sehr oft jedoch auch wir beide, ließ ihn vorher zu einem Gang um den Laden nach draußen. Da »Sophistocat« sonntags geschlossen hatte und Christian jeden Tapetenwechsel genoss, nahmen wir ihn manchmal zu Ausflügen mit. Aber es gibt in London nicht viele Orte, wohin man einen Löwen mitnehmen kann. Eines Tages gingen wir mit ihm in die Kensington Gardens. Die Weitläufigkeit des Geländes machte ihm Angst, und obwohl er an einer langen Leine lief, hielt er sich immer dicht am Zaun. Es überraschte uns nicht, dass sich sofort eine Menschenmenge um ihn scharte, sodass wir auf weitere Ausflüge in Parks verzichten mussten.

Wir telefonierten mit einem Heim für Waisenkinder, um uns zu erkundigen, ob man sich dort über einen Besuch von Christian freuen würde. Die Frau, mit der wir sprachen, war ziemlich überrascht, aber als wir ihr versicherten, dass er nicht »gefährlich« sei, nahm sie unser Angebot an. Wir erklärten ihr, dass es nicht ratsam sei, Christian mit den Kindern direkt in Kontakt zu bringen, und erkundigten uns, ob es für ihn einen abgeschlossenen Bereich gäbe. Sie schlug vor, dass die Kinder ihn aus dem Gebäude beobachten könnten, während »der Löwe draußen auf der Wiese umherstreift«!

Aber Christians Besuch löste – womit wir nicht gerechnet hatten – kaum Interesse aus. Kleine Gesichter drückten sich ein paar Minuten lang an den Fenstern die Nase platt, dann kehrten die Kinder zu ihren Spielsachen zurück. Während wir mit ihnen Tee tranken, war Christian in einem Zimmer eingeschlossen. Aber ein ungezogenes Kind ließ ihn heraus, und er kam, um nach uns zu sehen. Die Kinder kreischten, flohen in alle Richtungen und kletterten auf Stühle und Tische. Wir hinterließen ein Chaos und vermutlich viele Albträume und fuhren einen verwirrten kleinen Löwen zurück ins Sophistocat.

Christian wurde oft mit eingeladen, wenn wir Freunde besuchten, und ab und zu begleitete er uns auch. Bei einem dieser Besuche stieß Christian eine Badezimmertür auf, und als wir einen Schrei hörten, rannten wir nach oben. Schwer zu sagen, bei wem der Schreck größer war, bei Christian oder bei unserem Freund im Bad. Einer der Haushalte, der auf einen Besuch mit einem Löwen eingerichtet war, war der von Charles Bewick, Peter Bowen und Margot dem Puma. Wir besuchten sie ziemlich oft, und Christian verbrachte den Weihnachtstag dort, während wir zu Freunden aufs Land fuhren, die Christian ausdrücklich nicht mit eingeladen hatten. Margot war ein prächtiges Tier mit einem sehr anziehenden Schnurren, aber sie verhielt sich oft unberechenbar, und man konnte in ihrer Gegenwart nicht entspannt sein. Schließlich wurde sie auf ein Landgut gebracht.

Wir waren ziemlich naiv gewesen, weil wir gehofft hatten, Margot und Christian würden sich anfreunden. Auch kannten wir keine Hunde, die kräftig genug gewesen wären, um seine Spielkameraden zu sein. Aber Margot hatte nicht nur ein anderes Wesen, sondern auch ein anderes Geschlecht, und sie war ein Jahr älter. Deshalb verhielt sie sich sehr feindselig gegen ihn. Er war einfach nur gleichgültig. Der Gerechtigkeit halber müssen wir allerdings sagen, dass Christian ein Eindringling in ihr Territorium war. Es war zwar möglich, sie zusammen in einem Raum zu lassen, aber bei Christians einzigem Annäherungsversuch schlug Margot mit ihrer Pranke nach ihm und zerkratzte ihm sein samtiges kleines Näschen. Christian machte das nichts aus, schließlich hatte er am nächsten Tag einen Fernsehauftritt!

Mitte Januar 1970, einen Monat, nachdem wir ihn gekauft hatten, bekam Thames Television Wind davon, dass bei Sophistocat ein Löwe lebte, und sie luden Christian zu einem Auftritt bei *Magpie,* in ihrem Kinderprogramm, ein. Es war nur ein Feature von wenigen Minuten, und wir dachten, das müsste doch zu schaffen sein. Wir waren ziemlich aufgeregt, aber auch unsicher, wie Christian sich verhalten würde, als wir hinausfuhren zu den Fernsehstudios in Teddington. Leider mussten wir vor dem Live-Auftritt mehrere Probeaufnahmen über uns ergehen lassen, was wir sehr schade fanden, da Christian sich von Mal zu Mal weniger kooperativ zeigte. Er war verwirrt und geblendet von den gleißenden Studioscheinwerfern, und er hatte Angst vor den sich ihm nähernden Kameras. Es ärgerte ihn, so viel Zeit an der Leine verbringen zu müssen, aber er litt eher, als dass er wütend wurde. Wir bedauerten es, dass wir die Einladung von *Magpie* überhaupt angenommen hatten, und warteten nervös auf den Live-Auftritt. Es war unmöglich, vorherzusehen, was Christian machen würde. Einer von uns sollte interviewt werden und gleichzeitig versuchen, Christian im Blickfeld der Kamera zu halten. Offensichtlich war das Ganze ein großer Erfolg, wenngleich das, was wie ein spielerisches Tollen auf dem Studioboden aussah, in Wirklichkeit ein Kampf war, um Christian daran zu hindern, wegzulaufen.

Vor diesem Auftritt im Fernsehen hatten sich nur wenige Zeitungen für Christian interessiert. Plötzlich kannten ihn alle, und überall war man neugierig auf ihn, obwohl die Reporter, die uns interviewten, enttäuscht zu sein schienen, dass das Halten eines Löwen so viel unkomplizierter war, als sie erwartet hatten. Auf den Fotos in den Zeitungen sah man immer einen gähnenden Christian, mit entblößten Zähnen, und das wirkte natürlich wie ein hinterhältiges Knurren. Sophistocat profitierte von der Publicity, aber uns wurde bald klar, dass wir, wenn wir damit weitermachen wollten, unbedingt kontrollieren mussten, welche Fotos von Christian veröffentlicht wurden, damit Christians Porträts auch der Wirklichkeit entsprachen. Wir lernten einen Fotografen namens Derek

Cattani kennen, der mit Christian gut klarkam, und so nahm eine Fotoreportage über sein Leben in London ihren Anfang. Die Zeitungen waren herzlich eingeladen, eins von Dereks Fotos zu kaufen.

Es meldeten sich Interessenten bei uns, die Christian für die Fernsehwerbung und für andere Werbezwecke haben wollten. Da wir seinetwegen große Ausgaben hatten, waren wir bereit, ihn zu vermarkten, aber nur sehr maßvoll, und es musste sichergestellt sein, dass er dadurch nicht in Stress geriet oder sich unwohl fühlte. Er liebte Ausflüge und genoss auch ein paar sporadische »Jobs«, aber meistens hielten wir an seiner Alltagsroutine fest, und er führte ein sehr stabiles Leben. Es kam zu einem Fotoshooting für *Vanity Fair* unter dem Titel »Nights on the Wild Side«. Es ging um eine Werbung für Nachtwäsche. Das war eine einfache Arbeit, denn er musste nur zusammen mit einem wunderschönen Model auf einem Bett liegen und sich fotografieren lassen. Der Text dazu lautete:

Hüten Sie sich vor Raubkatzen! Sie sind immer auf der Jagd nach Menschen. Manche schleichen sich im Dschungel an ihre Beute an, andere spielen zu Hause die Pussy in lässiger Wäsche, die sich mit derselben katzenartigen Anmut anschmiegt und Sie umschmeichelt. Unsere Wäsche ist nicht für einsame Abende gedacht – ziehen Sie sie an, wenn Ihnen nach Angriff zumute ist, und macht Er nicht mit, suchen Sie sich eine andere Katze als Gesellschaft!

Christian kaute besonders gern auf Haaren herum, und dieses Model hatte jede Menge davon. Er hatte vor, die junge Frau anzuspringen. Die bekam große Angst, und sie sagte tatsächlich: »Mein Gesicht ist mein Kapital!« Da Christian in seine Schranken verwiesen wurde, biss er stattdessen ein Loch in den Bettüberwurf aus Ziegenfell und zerfetzte zwei Satinkissen.

Einige Monate später kontaktierte uns die Fluglinie BOAC (heute British Airways). Sie eröffneten eine neue Fluglinie nach Afrika und wollten, dass Christian während einer Werbeveranstaltung kurz auftauchte. Er wurde eine richtige Sensation und stellte alle anderen afrikanischen Accessoires – Topfpalmen und Avocados – locker in den Schatten. Er verdiente dreißig Guineas, die wir auf sein Konto bei der Bank einzahlten. Fotos von der Kontoeröffnung schmückten die bankeigene Zeitschrift. Die Überschrift lautete: *Hartgesottener Kunde in Chelsea.* Es war der einfachste Weg, wie wir den Bankdirektor wegen unseres überzogenen Kontos beschwichtigen konnten. Wir machten auch eine Reihe von Osterfotos für die Zeitungen, auf denen Christian mit sechs kleinen Hühnchen zu sehen war. Er war erstaunlich sanftmütig, und es gab keine Zwischenfälle.

Als er ungefähr sieben Monate alt war und seine Tage als Welpe allmählich zu Ende gingen, wurde das öffentliche Interesse an ihm plötzlich viel größer. Die Leute waren überrascht, dass er noch immer so pflegeleicht war. So wunderten sich etwa Experten vom Londoner Zoo und dem Feline Advisory Bureau, wie domestiziert und wohlerzogen Christian auftrat. Er war auf einmal keine Neuigkeit mehr, sondern eine Londoner Persönlichkeit, die »zwei Australiern gehörte«. Wir wurden von mehreren amerikanischen und australischen Zeitungen und Nachrichtenagenturen interviewt.

Jack de Manio vom frühmorgendlichen *Today*-Programm von BBC Radio rief uns an, weil er Christian zu einem Interview einladen wollte. Auf unseren Vorschlag hin kam er zu Sophistocat, um Christian vorab kennenzulernen, und wir warnten ihn, dass Christian sehr verstockt sein konnte, wenn er nicht in redseliger Stimmung war – ein eindeutiger Nachteil bei einem Interview im Radio. Da Christian noch nicht gebrüllt hatte, war es eher unwahrscheinlich, dass Jack de Manio und dessen Zuhörer mit seinem ersten derartigen Versuch belohnt werden würden.

Am nächsten Morgen um 6:30 Uhr wurde ein Wagen zu Sophistocat geschickt, der uns drei zum Funkhaus brachte. Als wir dort eintrafen, versperrte uns der Portier den Zugang zum Gebäude und meinte, ohne sich das, was am Ende der Leine war, genauer anzusehen: »Hier drinnen sind Hunde nicht erlaubt – so sind die Bestimmungen.«

»Gelten Ihre Bestimmungen auch für Löwen?«, fragten wir.

Im Angesicht von Löwen streiten die Leute nicht,

und als wir an ihm vorbei ins Gebäude gingen, sprang er flink zur Seite.

Christian zeigte sich viel zu sehr interessiert daran, das ganze Brimborium im Studio zu erforschen – diese verführerischen Kabel und Drähte! – und in die Gesichter der Mitarbeiter hinter den Scheiben zu starren, als irgendwelche löwenartigen Geräusche während seines Interviews von sich zu geben. Wir erzählten ein wenig über sein Leben. Aber man hatte wohl etwas anderes erwartet, denn die Überschrift der *Daily Mail* des folgenden Tages lautete: *Mikro-scheuer Christian floppt im Radio.*

Als wir später am Tag bei Sophistocat einen Anruf von der BBC bekamen, standen wir vor einem Rätsel. Ohne irgendeine Erklärung wurden wir nach Christians Wert gefragt. Wir wussten es nicht. Darüber hatten wir noch nie nachgedacht. Einige Tage später lasen wir dann in Charles Grevilles Kolumne der *Daily Mail* unter der Überschrift *Der Löwe hinter Gittern aus rotem Band,* was passiert war:

Die Bestimmungen der BBC legen fest, dass Tiere, die ins Gebäude gebracht werden, versichert sein müssen. Wegen einer Unaufmerksamkeit eines Mitarbeiters kam es zu einer bürokratisch aufgebauschten, irrsinnig komischen Situation, weil eine Haftpflichtversicherung für die Gäste abgeschlossen werden sollte, die das Haus jedoch schon wieder verlassen hatten. Und vermutlich für die Mitarbeiter, obgleich das Tier, wie man zu diesem Zeitpunkt bereits wusste, im Studio kaum ein Gähnen über die Lippen gebracht hatte, geschweige denn de Manio und sein Team zum Frühstück hatte verspeisen wollen … Und der Wert des publicityscheuen Dschungelkönigs? Fünfhundert Pfund, sagen die Besitzer.

Ständig riefen uns Zeitungen an, wenn sie gehört hatten, dass ein Löwe oder ein anderes wildes Tier irgendwo auf der Welt jemanden angegriffen oder getötet hatte. Wir genossen es, sie mit glühenden Berichten über Christians tadelloses Verhalten zu enttäuschen. Da so viele Zeitungen fehlerhafte Informationen über Christian verbreiteten, waren wir überrascht, dass uns nur eine feindselige Reaktion erreichte. Nachdem im April 1970 ein Artikel in einer amerikanischen Zeitung erschienen war, schrieb eine Frau einen langen beleidigenden Brief. Sie schloss: »Was haben Sie vor mit ihm, wenn Sie seiner überdrüssig sind? Er dürfte langsam erwachsen werden, und das Leben, zu dem Sie ihn verdammt haben, wird ihn boshaft und gefährlich machen. Zweifellos werden Sie ihm die Krallen und vielleicht auch seine Zähne entfernt haben, sodass ihn sicherlich kein Zoo mehr nehmen wird. Beenden Sie sein elendes Leben und lassen Sie ihn einschläfern.« Christian die Krallen zu ziehen hatten wir übrigens nie in Erwägung gezogen. So falsch sie Christians Leben mit uns bei Sophistocat auch einschätzte, so sehr teilten wir ihre Sorge um seine Zukunft.

5

Ein Vorschlag

Ab April 1970 machte sich bei Christian Langeweile bemerkbar. Damals war er acht Monate alt, und er wurde allmählich zu groß für Sophistocat. Das Leben war eintönig für ihn geworden und schien keine Überraschungen mehr bereitzuhalten. Es ärgerte ihn, dass er für seinen Lieblingssitzplatz auf der Treppe zu groß geworden war. Für ihn war es inzwischen ein Leichtes, über alle Möbelstücke im Laden hinwegzuklettern, und mit seinen hundertdreißig Pfund war er schwer genug, um versehentlich die dünnen Glasscheiben zu zerbrechen. Er forderte mehr Freiheit, aber wir konnten ihm nur immer weniger davon geben. Er war in der Lage, großen Schaden anzurichten, und sollte sein Betragen schlechter werden, wussten wir, dass wir ihn nicht mehr unter Kontrolle bekommen würden. War er bis vor Kurzem noch eine Attraktion für den Laden gewesen, so schreckte seine Größe nun die Kunden ab. George Lazenby, der Schauspieler, der durch seinen 007-Film zu Ruhm gelangt war, wollte eines Nachmittags mit einem Freund von uns zu Besuch kommen. Christian saß im Schaufenster, und wir konnten George nicht überreden, den Laden zu betreten. Also verbrachte Christian ab sofort die meiste Zeit im Keller, was er uns immer heftiger verübelte.

Er wurde immer unzufriedener, und uns ging es ähnlich. Auf uns lastete ein ungeheurer Druck. Wir trugen Christian gegenüber eine große Verantwortung, mussten aber gleichzeitig dafür sorgen, dass keine gefährlichen Situationen entstanden. Wir konnten nicht einfach abwarten und zuschauen, in welcher Form sich sein Frust Luft machen würde.

Nun stellte sich ganz konkret die Frage nach seiner Zukunft. Sie hatte uns von Anfang an begleitet. Noch einmal besuchten wir den Longleat Safari Park, der, wie wir schon vor dem Kauf von Christian herausgefunden hatten, in England die besten Lebensbedingungen für Löwen bot. Allerdings wussten wir inzwischen über Löwen sehr viel besser Bescheid. Weil man davon ausging, dass Christian bald zu ihnen käme, zeigte man uns selbstbewusst auch die weniger schönen Seiten von Longleat. Wir sahen, zu welch riesigem Wirtschaftsunternehmen sich die Longleat-Chipperfield Gesellschaft entwickelt hatte, denn abgesehen von den Löwen im Park, versorgte Mary Chipperfield einen

Miettierservice für Film- und Fernsehgesellschaften. Außerdem gehörten offenbar einige der Löwen, die wir zu sehen bekamen, zu einem Wanderzirkus. Wir waren sehr im Zweifel, ob wir sicherstellen konnten, dass Christian in ein Rudel integriert und im Park leben würde und dass man ihn nicht für kommerzielle Zwecke benutzte. Und so kamen wir zu dem Schluss, dass der Longleat Safari Park für Christian keine befriedigende Lösung mehr war.

Ihn in einen Zoo zu schicken wäre ein Vertrauensbruch gewesen, mit dem wir nur schwer hätten leben können. Wie viel schwerer wäre es aber für ihn gewesen? Nun hofften wir, jemanden zu finden, der über ein großes Landgut verfügte und der sich genauso liebevoll um ihn kümmern wollte wie wir. Auf der Suche nach Alternativen besuchten wir mehrere Privatzoos. Diese lagen zwar auf dem Land und boten mehr Möglichkeiten für die Tiere als die Zoos in der Stadt, wurden aber unprofessionell geführt. Oft gab es Einschränkungen, und es herrschte nur wenig Einfühlungsvermögen.

Eines Nachmittags kam der Schauspieler Bill Travers zu uns in den Laden, dem sich bald darauf seine Frau Virginia McKenna, auch eine Schauspielerin, anschloss. Beide hatten 1966 in dem Film *Born Free* mitgespielt, der die Geschichte der von Joy und George Adamson ausgewilderten Löwin Elsa erzählt. Der Film war genauso ein Riesenerfolg gewesen wie das Buch, wir kannten jedoch beides nicht. Wir vermuteten, dass ihre Verbindung zu Löwen sie zu Sophistocat geführt hatte. Zu unserer Enttäuschung wollten sie aber nur einen Schreibtisch aus Kiefernholz kaufen. Trotzdem konnten wir die Gelegenheit, sie mit Christian bekannt zu machen, nicht ungenutzt lassen. Sie waren erstaunt, als sie einen Löwen auf uns zulaufen sahen, der uns liebevoll begrüßte. Wir erzählten von Christians Leben bei uns, und sie verstanden unser Dilemma, was seine Zukunft betraf. Es freute sie zwar, dass wir Christian aus einem Käfig bei Harrods »gerettet« hatten, aber sie waren entschiedene Gegner jeglichen Handels mit exotischen Tieren. Im Anschluss an die Dreharbeiten zu *Born Free* hatten sie ihr Leben der Produktion von Dokumentarfilmen über Tierschutz gewidmet. Bill und Virginia kannten sich mit Löwen weitaus besser aus als wir, und wir stellten ihnen viele Fragen. Als sie sagten, sie würden gern wiederkommen, um Christian zu besuchen, fühlten wir uns geschmeichelt.

Ein paar Tage später kam Bill zusammen mit James Hill, dem Regisseur von *Born Free,* in den Laden. Wir wunderten uns, warum James mitgekommen war und warum er uns so ausgiebig über Christian befragte. Und wir waren überrascht und begeistert, als Bill uns zum Abendessen in sein Haus in Leith Hill in der Nähe von Dorking einlud. Er sagte, er würde uns gern eine eigene Dokumentation über Löwen zeigen, deren Leben in Gefangenschaft angefangen hatte.

Abendessen mit Filmstars – da schien es nur passend zu sein, dass James Hill uns vor dem Sophistocat in seinem Rolls-Royce abholte und wir zum Erstaunen der Bewohner von World's End derart eindrucksvoll nach Surrey entführt wurden. Nach dem Abendessen sahen wir uns Bills Film *The Lions Are Free* (dt. *Mitten unter Löwen)* an, der zeigte, was aus den Löwen geworden war, die bei *Born Free* mitgewirkt hatten. Vierundzwanzig Löwen waren eingesetzt worden, doch ganz im Gegensatz zur Thematik des Films hatte George erst nach langem Kampf, unterstützt von Joy, Bill und Virginia, die Erlaubnis bekommen, drei von ihnen auszuwildern. Keiner der anderen Löwen bekam die Chance auf ein naturgemäßes Leben. In *The Lions Are Free* besuchte Bill die drei Löwen, die von George erfolgreich ausgewildert worden waren, und obwohl sie ihn seit drei Jahren nicht mehr gesehen hatten, erinnerten sie sich an ihn, und er wurde begeistert begrüßt.

Der Film endete damit, dass Virginia den Whipsnade Zoo besuchte, um Klein Elsa wiederzusehen, die Löwin, mit der sie sich während der Dreharbeiten zu *Born Free* besonders angefreundet hatte. Virginia rief sie beim Namen, und Klein Elsa erkannte sie sofort und kam an das Gitter des Geländes gerannt. Wie sollte Virginia ihr erklären, warum sie sich jetzt nicht so begrüßen konnten, wie sie das gewohnt waren? Was würde das für Christian bedeuten? Wahrscheinlich, dass wir ihn in wenigen Wochen zu einem ähnlich bedeutungslosen Leben würden verdammen müssen. Bill, der spürte, wie wir empfanden, lächelte und sagte: »Ich denke, wir können Ihnen helfen, das Problem mit Christians Zukunft zu lösen. Wir würden uns gern dafür einsetzen, dass er nach Afrika ausgeflogen wird, wo George Adamson ihn dann in die Wildnis zurückführen kann.«

Wir hatten das Gefühl, als hätte sich eine drohende Gefängnisstrafe ganz plötzlich in Luft aufgelöst. Von all den Löwen, die jemals in Europa geboren worden waren, hatte man ausgerechnet Christian eine unvorhergesehene Begnadigung in Aussicht gestellt. Er würde dorthin zurückkehren, wo er hingehörte. Bill hatte gleich nach seiner ersten Begegnung mit Christian bei Sophistocat Kontakt zu George Adamson in Kenia aufgenommen. George zeigte sich überaus interessiert an dem Experiment, einen Löwen aus England zur Wiedereingliederung nach Afrika zu bringen, und er war zuversichtlich, dass dies erfolgreich verlaufen würde. Bill und James planten, eine Dokumentation fürs Fernsehen zu drehen, um damit einen Teil der beträchtlichen Kosten zu decken.

Wir mussten zu Bill und Virginias Lösungsvorschlag nicht lange überredet werden. Sorge bereitete uns allerdings die Überlegung, dass wir Christian seine Löwennatur schon so weit genommen hatten, dass eine Eingliederung unmöglich sein würde. George hatte Bill beruhigt, dass Christian noch immer sehr jung sei und dass weitaus mehr Löwengenerationen in Gefangenschaft leben müssten, bevor ihre natürlichen Instinkte Schaden nähmen. George hatte vor, ein von Menschen zusammengestelltes Löwenrudel aufzubauen und Christian zu integrieren. Wir sollten Christian nach Kenia begleiten und ihm dabei helfen, sich an sein neues Leben zu gewöhnen. George würde mit den Löwen zusammenleben und sie füttern, bis sie sich ihr Revier gesichert hatten und tatsächlich ein funktionierendes Rudel bildeten.

Wir machten uns klar, dass ein natürliches Leben für Christian nicht automatisch ein langes Leben bedeutete. Löwen in Zoos leben im Durchschnitt achtzehn bis zwanzig Jahre, aber in der Wildnis überleben sie nur etwa zwölf bis fünfzehn Jahre. Dort müssen sie sich Revierkämpfen mit anderen Löwen stellen und mit den Dürreperioden fertig werden, die die Zahl ihrer Beutetiere dezimieren – nur die Stärksten überleben. Wenn Löwen Tiere jagen, die so groß sind wie Büffel, können sie sich leicht verletzen oder selbst getötet werden. Christian mit seinem Leben in Chelsea wäre da von Anfang an im Nachteil. Andererseits entkäme er so einem langen sicheren, aber vollkommen sinnlosen Leben in Gefangenschaft, und er bekäme die Chance, sein Glück in seiner natürlichen Umgebung zu suchen.

Auf dem Rückweg nach London unterhielten wir uns angeregt über die Zufälle im Leben. Wo wäre Christian jetzt, wenn jemand anders ihn bei Harrods gekauft hätte? Was wäre passiert, wenn Bill und Virginia nicht zu Sophistocat gekommen wären? Ganz zufällig waren sie auf unser Problem mit Christians Zukunft gestoßen und hatten Anteil daran genommen. Als wir Christian kauften, bekam unser beider Leben eine neue Dimension, und jetzt stand auch das von Christian vor einer unerwarteten Wende. Für uns würde es immer eine unvergessliche Erfahrung sein, allerdings eine, an die wir uns nie ohne Bedauern würden erinnern können, wenn Christian für den Rest seines Lebens in Gefangenschaft leben müsste. George Adamson schlug uns nun die perfekte Lösung vor für einen Löwen, dem offenbar ein außergewöhnliches Schicksal vorherbestimmt war. Als wir in dieser Nacht nach London zurückkamen, unternahm Christian passenderweise seinen ersten Versuch zu brüllen. Es klang noch unreif, aber es war zu erkennen, und wir waren ungeheuer stolz auf ihn.

6

The Lion at World's End

Bill Travers flog nach Kenia, um die Verhandlungen zu unterstützen, die bereits mit der kenianischen Regierung geführt wurden. Er war zuversichtlich, dass dieses ungewöhnliche Projekt Zustimmung finden würde, aber die Pläne entwickelten sich komplizierter, als er erwartet hatte. Im Prinzip war es kein Problem, eine Dreherlaubnis für eine Dokumentation zu bekommen. Für Kenia wäre das eine gute Werbemaßnahme, die mehr Touristen anlocken würde. Der Fremdenverkehr war noch immer die Haupteinnahmequelle des Landes. Auch wenn es vorrangig darum ging, diesen Industriezweig zu stärken, so war inzwischen unter den Regierungen der meisten afrikanischen Staaten ein Bewusstsein gewachsen, dass Tiere geschützt werden mussten. Im Lauf der Jahre ist deutlich geworden, dass weiteres Handeln dringend erforderlich ist, denn der Wettkampf zwischen Mensch und Natur um schwindende Ressourcen und Lebensräume hat sich alarmierend beschleunigt. Die kenianische Regierung zeigte auch Interesse an einem Bericht über George Adamsons Methoden der Auswilderung von Löwen und ganz besonders an der wissenschaftlichen Dokumentation eines solch einzigartigen Experiments mit einem Löwen aus England.

Im Verlauf des vorangegangenen Jahres war in Kenia jedoch eine hitzige Debatte über das Thema »Auswilderung von Löwen« geführt worden. Ein Kind war von einem der Tiere von George Adamson leicht verletzt worden, und angesichts dieses unglücklichen Vorfalls standen die Chancen für unsere Verhandlungen nicht sehr gut. Einige Regierungsmitglieder sahen in der Auswilderung ein Projekt, das Unterstützung verdiente, andere hingegen waren der Meinung, dass diese Löwen sich wegen ihrer früheren Kontakte zu Menschen in den Wildparks vermutlich den Menschen nähern und dadurch gefährliche Situationen heraufbeschwören würden. Die meisten Menschen haben Angst vor Löwen, und Afrikaner betrachten sie traditionell als natürliche Feinde oder Konkurrenten, warum also sollte man sich noch einen potenziellen Menschenfresser aus England ins Land holen?

Letztendlich aber willigte die kenianische Regierung ein und erteilte Christian die Erlaubnis, nach Kenia zu kommen. Voraussetzung sei allerdings, dass ein passender Lebensraum für ihn gefunden werden konnte. Das Areal musste sowohl über Wasser als auch über Beutetiere verfügen, und es musste eine Region sein, in die keine Touristen kamen und in der auch nicht damit zu rechnen war, dass sich Tourismus entwickelte. Es durfte weder als Jagdgebiet ausgewiesen noch von Afrikanern und ihren Weidetieren bewohnt sein, da sie ansonsten leichte Beute der Löwen werden könnten. Bill hielt während seines Aufenthalts in Kenia nach mehreren Möglichkeiten Ausschau, musste dann aber nach England zurückkehren und George allein weitersuchen lassen.

Wir hatten schon seit mehreren Wochen nichts mehr von Bill oder Virginia gehört. Anzurufen trauten wir uns nicht, denn wir waren in Sorge, sie könnten uns sagen, dass es leider doch keine Möglichkeit für Christian gab, nach Kenia zu gehen. Schließlich meldete sich Bill und informierte uns über die Gründe für die Verzögerung. Er erzählte uns, dass George gerade erst zwei passende Areale gefunden habe und dass die kenianische Regierung sehr wahrscheinlich zustimmen werde, eins davon freizugeben.

Bill war so zuversichtlich, dass er beschloss, mit den Dreharbeiten bei Sophistocat schon am folgenden Montag zu beginnen. Die Dokumentation mit dem Titel *The Lion at World's End* würde unter der Regie von James Hill zu Beginn die erste Begegnung von Bill und Virginia mit Christian nachspielen und dann die Geschichte genau so aufzeichnen, wie sie sich in Wirklichkeit abspielte. Die Dokumentation sollte einen Beitrag leisten, um die Aufmerksamkeit auf die Notwendigkeit von Tierschutz und von fachgerechtem Umgang mit Tieren zu lenken, und Christian wäre dank eines außergewöhnlichen Glücksfalls die Hauptfigur und der Hauptnutznießer des Films.

In unsere freudige Erregung mischte sich Besorgnis. Seit unserer Erfahrung in den Fernsehstudios, als Christian im Kinderprogramm seinen Auftritt gehabt hatte, wussten wir, dass man unmöglich vorhersagen konnte, wie er reagieren würde, wenn man ihn filmte. Wir wussten nicht, ob wir selbst in das Filmprojekt eingebunden sein würden. Da wir keinen schauspielerischen Ehrgeiz hatten, fiel es uns nicht schwer, die alte Theaterregel »Begib dich nie in Konkurrenz mit Tieren oder Kindern« in den Wind zu schlagen.

Bill und James gaben strikte Anweisung, dass Sophistocat für die Dreharbeiten nicht verändert werden dürfe. Wir wurden gebeten, unsere Haare nicht zu schneiden und uns so extravagant und flippig wie möglich zu kleiden – etwas, das wir heute sehr bedauern. Da der Laden ein oder zwei Tage lang geschlossen sein würde, hielten wir es den geduldigen und toleranten Besitzern gegenüber für eine nette Geste, den Laden so schön wie möglich herzurichten. Am Sonntag strichen wir die Wände und den Fußboden. Die Geste war netter, als wir beabsichtigt hatten, denn der Laden war riesig, und wir arbeiteten den ganzen Tag über sehr hart. Christian durfte erst am späten

Nachmittag nach oben kommen, nachdem die Farbe auf dem Boden getrocknet war. Die letzte Wand war noch nicht ganz fertig, als Christian plötzlich den Eimer umwarf und Farbe in alle Richtungen verspritzte. Erschrocken machte er einen Satz rückwärts, rutschte dabei aus und stürzte. Nachdem er sich wieder aufgerappelt hatte, rannte er ans andere Ende des Ladens. Wir waren entsetzt, denn weiße Pfotenspuren überzogen den schwarzen Fußboden, und Christian, der am nächsten Morgen als Löwe vor die Kameras treten sollte, hatte sich in ein undefinierbares weißes Tier verwandelt. Bis spätnachts strich einer von uns den Fußboden zum zweiten Mal, während der andere sich, bewaffnet mit Handtüchern und Terpentin, im Keller abmühte, Christian sauber zu bekommen, der diese Prozedur natürlich für ein neues Spiel hielt.

Am nächsten Tag verwandelte sich Sophistocat in ein Filmset. Anfangs war Christian geblendet von den grellen Lichtern und verwirrt von all dem unbekannten Equipment und den Kameramännern. Aber das trug dazu bei, dass er sich ungewöhnlich zahm gab und die Crew nur ein paar Mal auseinanderscheuchte. Bill und James waren damit vertraut, Tiere zu filmen, und entsprechend geduldig gingen sie vor. Christian, den der Alltag im Laden inzwischen langweilte, genoss den Tag und war so kooperativ, dass Bill ihn als einen »One-Take«-Löwen bezeichnete, weil die Szenen auf Anhieb klappten. Wie sich herausstellte, mussten wir im Film ständig zu sehen sein. Wir konzentrierten uns jedoch nicht auf die Kameras, sondern intensiv auf Christian, der eine großartige schauspielerische Leistung zeigte. Leider hat man unsere wenigen Dialogstellen später mit einem unerträglich breiten australischen Akzent synchronisiert, weil unsere Stimmen »zu englisch« klangen.

Am folgenden Tag drehten wir auf dem Friedhof der Moravian Church. Christian war nicht damit einverstanden, dass er seinen Garten mit so vielen anderen Leuten teilen sollte, und er erwies sich als sehr unkooperativ. Das lag vermutlich an seinem starken Revierinstinkt, und obwohl er sonst begeistert Fußbällen hinterherjagte, würdigte er sie an diesem Tag keines Blickes. Bill und James wollten ein paar Zeitlupensequenzen filmen, aber immer wenn es uns endlich gelang, Christian dazu zu bringen, sich zu bewegen oder sogar zu rennen, blieb er sofort stehen. Wahrscheinlich irritierte ihn die laute Zeitlupenkamera. Da uns keine andere Lösung einfiel, setzten wir uns schließlich über sämtliche Regeln hinweg und ermutigten ihn, uns zu jagen. Wir waren unwiderstehlich, und Christian konnte sein Glück nicht fassen. Trotz unserer zerrissenen Kleidung war das Resultat zu gebrauchen und einen langen Drehtag wert.

Ein paar Tage später schauten wir uns das Ergebnis der ersten beiden Drehtage an. Christian machte eine sehr gute Figur, die Zeitlupensequenzen, die ihn beim Rennen und Spielen zeigten, waren herausragend. Keiner von uns, nicht einmal Bill oder Virginia, hatte je zuvor die Bewegungen eines Löwen in Zeitlupe gesehen. Zum ersten Mal wurden uns seine Stärke, seine Kraft und seine perfekte Koordination so richtig bewusst.

Dies war wahrscheinlich Christians letzter Besuch im Garten, denn der Pastor der Moravian Church hatte uns nach einigem Zögern mitgeteilt, dass er, obwohl er Christian sehr gern habe, ihm nicht länger erlauben könne, sich dort auszutoben. Er war sehr tolerant gewesen, aber es hatten auch Mitglieder der Kirche Zutritt zum Garten, und von denen konnte man nicht erwarten, dass sie mit Christians Wildheit genauso gut zurechtkamen wie wir. Dass Christian sich an diesem Tag stur geweigert hatte, vom Dach des Wagens, der dem Pastor gehörte, herunterzukommen, könnte diese Entscheidung beeinflusst haben. Aber als wir Reverend Williamson erklärten, dass wir damit rechneten, schon in ein paar Wochen in Kenia zu sein, ließ er sich freundlicherweise auf einen Kompromiss ein: Morgens um 6:30 Uhr konnten wir ihn in den Garten lassen. Wir mussten unser Leben daraufhin völlig umkrempeln. Christian empfand sein Leben bei Sophistocat zunehmend als monoton und frustrierend. Seinen Tagesablauf musste er ohnehin schon durch einen nachmittäglichen Ausgang unterbrechen, und so passte ihm der zusätzliche frühmorgendliche Auslauf überhaupt nicht. Bill und Virginia schlugen vor, für Christian im Garten ihres Hauses in Leith Hill ein

Gehege zu errichten, sodass wir zu dritt dort leben konnten, bevor wir nach Kenia aufbrachen.

Als das Gehege fertig war, verließ Christian für immer die King's Road und London. Viele seiner Freunde in World's End versammelten sich, um ihn zu verabschieden. Da wir mehrere Wochen voller Angst vor einem Unfall hinter uns hatten, empfanden wir es als Erleichterung, dass wir nur angenehme Erinnerungen mitnahmen. Aber traurig waren wir auch; unsere fünf sehr glücklichen, einzigartigen Monate mit Christian in London waren zu Ende.

7

Landleben

Das Haus von Bill und Virginia in Leith Hill war umgeben von einem sehr schönen weitläufigen Garten, von dem man, nur fünfzig Kilometer von London entfernt, einen Blick auf ein Tal voller unberührter Natur hatte. Als wir eintrafen, waren Kinder und Hunde von Bill und Virginia sicherheitshalber im Haus, und Christian bekam einen Vorgeschmack auf die Freiheit, die ihn in Afrika erwartete. Zum ersten Mal in seinem Leben konnte er das tun, was er tun wollte. Er rannte über die Wiesen, schnupperte an den Osterglocken und pirschte durch die Sternhyazinthen im Wald. Es war eine schöne, aber nicht löwengemäße Umgebung. Immer wieder kehrte er zu uns zurück, um uns zu zeigen, wie glücklich er war.

Die Unterbringung in diesem Gehege war notwendig für ihn, aber zum Glück schien Christian sehr froh darüber zu sein. Es war fünfundzwanzig mal fünfzehn Meter groß und umschloss einen großen Baum, mehrere Büsche und einen farbenfrohen Zigeunerwagen. Christian war so begeistert, dass er als Erstes auf den Baum klettern wollte, aber da er das noch nie zuvor getan hatte, wusste er nicht recht, wie er sich umdrehen und wieder hinuntergelangen sollte. Er wartete einfach, bis wir ihm halfen. Bill meinte, Christian würde unter einem Busch schlafen, aber wir vermuteten, dass er sich lieber in den Wohnwagen zurückziehen würde. Wir sollten in einem anderen Wohnwagen neben dem Gehege unterkommen. Es war Frühling, die Sonne schien, und im Vergleich zu London war es hier sehr friedlich.

An jenem ersten Abend verkauften wir Christian. Zwischen uns und der Filmgesellschaft, die *The Lion at World's End* produzierte, war ein Vertrag ausgehandelt worden. Das ganze Projekt würde sehr teuer werden, und obwohl wir unsere Kooperation niemals verweigert hätten, wurde von uns erwartet, dass wir unsere Eigentumsrechte an Christian von nun an der Gesellschaft überließen. Damit gaben wir auch jegliche rechtliche Kontrolle über seine Zukunft an die Gesellschaft ab. Wir bekamen fünfhundert Pfund bezahlt und versuchten diese Transaktion als eine notwendige Formalität im Interesse von Christian zu sehen. Trotzdem fühlten wir uns schuldig und dachten lieber daran, dass Christian bald kenianischer

Bürger sein würde und nicht mehr Eigentum einer Filmgesellschaft.

Christian schlief natürlich im Wohnwagen. Am nächsten Morgen begrüßte er uns überschwänglich, erleichtert, dass wir ihn nicht verlassen hatten und in der Nacht nach London zurückgekehrt waren. Es schien ihn nicht zu stören, dass seine Umgebung gewechselt hatte und dass er uns theoretisch gar nicht mehr gehörte.

Wir rechneten damit, dass wir nur wenige Wochen in Leith Hill verbringen würden, aber George hatte noch immer Schwierigkeiten, ein Areal zu finden, das sowohl er als auch die kenianische Regierung für passend hielten. Die beiden ursprünglich vorgeschlagenen Gebiete waren nicht genehmigt worden. Es lag uns sehr am Herzen, Christian nach Afrika zu bringen, aber wir wollten lieber nicht darüber nachdenken, wie trostlos der Ort wohl sein mochte, der allen Erfordernissen entsprach. Wir warteten und warteten, während George seine Suche fortsetzte und die Wochen verstrichen. Zum Glück herrschte angenehmes Sommerwetter. Wir verbrachten erholsame Tage mit Lesen, Sonnenbaden und Spielen mit Christian, und Freunde kamen auf Besuch zu uns heraus. Und da wir beide im Grunde Stadtmenschen waren, kehrte ab und zu einer von uns für ein paar Tage nach London zurück.

Diese Zeit in Leith Hill wurde zu einer wichtigen Phase in Christians Leben. Damit hatte eigentlich keiner gerechnet. Er war weniger eingeschränkt, sein Leben war unkomplizierter, und er hatte ein klar abgegrenztes Territorium, in dem er sich bewegen konnte. Zum ersten Mal spürte er den natürlichen Tageszyklus. Dass er im Wohnwagen schlief, war ein Überbleibsel seines Lebens als Londoner Löwe. Es war oft heiß, und so war er tagsüber lethargisch, aber am Spätnachmittag und am Abend erwachte sein Ungestüm. Nachdem wir mit Christian fünf Monate lang im Sophistocat gewohnt hatten und ihn immer gegen halb neun Uhr abends ins Bett gebracht hatten, begriffen wir nun, dass Löwen von Natur aus nachtaktive Tiere sind. Wir verbrachten den Großteil unserer Zeit bei ihm im Gehege. Wenn wir nicht bei ihm waren, wirkte er unzufrieden. Manchmal beachtete er uns gar nicht, wenn wir bei ihm waren, und er wollte auch nicht mit uns spielen, aber er genoss unsere Gesellschaft, denn für ihn waren wir ein Teil seines Rudels. Eine Doppeltür ermöglichte es uns, das Gehege einfach und sicher zu betreten und zu verlassen.

Bill und Virginia hatten drei kleine Kinder und mehrere Hunde, und Christian verfolgte ihre Schritte sehr genau von seinem Gehege aus. Er hätte gern mit ihnen gespielt. Bei Sophistocat bekam Christian, wenn er unten im Keller bleiben musste, nicht mit, was er oben verpasste. Es gefiel ihm nicht, außen vor zu bleiben, und er erwartete, dass er selbst entscheiden konnte, ob er mitspielen wollte oder nicht. In Leith Hill hinderte ihn ein vier Meter hoher Zaun daran, zu den anderen zu laufen, aber der Zaun hinderte ihn nicht daran, die verführerischen Spiele zu sehen, von denen er ausgeschlossen war. Sobald wir nicht bei ihm waren, ging er frustriert am Zaun hin und her, wo er schon sehr bald einen Pfad getrampelt hatte. Es hätte auch ein Käfig sein können, den er auf dieselbe sinnlose Art und Weise abschritt. Doch nach der anfänglichen Neugier, die Christian und die Hunde gegenseitig verspürten, verloren sie rasch wieder das Interesse aneinander. Aber wenn einer der Hunde dem Zaun zu nahe kam, hockte Christian sich angespannt auf den Boden und legte die Ohren flach. Offenbar glaubte er, dadurch unsichtbar zu sein, doch er vergaß seinen Schwanz, mit dem er aufgeregt schlug. Dann sprang er am Zaun hoch und vertrieb erfolgreich den verschreckten Hund. Dieses Verhalten und dass es ihm immer wieder gelang, sich an uns anzuschleichen und uns fast zu Boden zu werfen, konnte nur bedeuten, dass George recht hatte und dass Christians natürliche Instinkte noch keinen Schaden genommen hatten.

Wir beschlossen, Christians Vorbereitung auf Afrika so gut es ging in Leith Hill zu beginnen. Im Vergleich zu den anderen Löwen, die wir im Longleat Safari Park oder in Zoos kennengelernt hatten, war Christian groß für sein Alter, aber für sein neues Leben musste er auch so stark wie möglich sein. Weil er immer Auslauf hatte und im Freien lebte, machte er einen noch gesünderen Eindruck als in London. Er wuchs sehr rasch, der Körper stärker als der Kopf und die Pranken. Wir ließen einen mit Stroh gefüllten Sack an einem Seil von seinem Baum herunterbaumeln. Den attackierte er mit Begeisterung, und oft schwang er sich daran ganz vom Boden hoch in die Luft. Das war eine gute Übung für Kenia, weil sie half, seine Muskeln zu entwickeln. Er hatte gelernt, seine Krallen eingefahren zu lassen, wenn wir mit ihm spielten; die zweieinhalb Zentimeter langen scharfen Krallen sind für einen Löwen jedoch eine wichtige Waffe, und indem er den Sack angriff, stärkte er sie und lernte, sie zielgerichtet einzusetzen. Wir änderten auch seine Ernährung. Löwen in der Wildnis töten für gewöhnlich am Abend und ernähren sich abwechslungsreich. Christian bekam nun am Morgen eine kleine Mahlzeit aus Milch und Farex und eine große Mahlzeit am Abend. Zu rohem Fleisch gab es zusätzlich getrocknetes Fleisch, Karotten und Rinderleber, und manchmal bekam er auch den Kopf oder den Magen einer Kuh. Dass er sich in Leith Hill aufhielt, war nicht in die Öffentlichkeit gedrungen, und so erkundigte sich der einheimische Metzger, der sich über unsere Fleischbestellungen wunderte: »Was, um Himmels willen, füttert ihr beiden damit, ein Krokodil?« Da er wusste, dass wir bei Bill und Virginia wohnten, wäre ein Löwe eigentlich die näherliegende Vermutung gewesen.

Die neue Ernährung verbesserte auch Christians Fell. Es wurde dichter und weicher und hatte einen wunderschönen Karamellton, der typisch ist für Löwen. Seine zum Teil schwarze Mähne prägte sich stärker aus, und er wuchs zu einem besonders gut aussehenden Löwen heran. Er verbrachte mehr Zeit mit seiner Körperpflege, trotzdem nahm er es nie so genau damit wie die meisten Hauskatzen. Seine Zunge war so rau, dass unsere Haut im Gesicht, wenn er sie ableckte, fast blutig wurde. Seine Milchzähne hatte er verloren, und seine neuen probierte er gleich an der Leiter zu seinem Wohnwagen aus. Es dauerte nicht lange, und mehrere Sprossen waren zerstört.

Er hatte in Leith Hill auch viel mehr Möglichkeiten, sich frei zu entfalten, und weil wir mehr Zeit mit ihm verbringen konnten und ihn fernab der Stadt mit ihren Einschränkungen schätzen lernten, wurde unsere Beziehung zu ihm sogar noch tiefer und liebevoller. Unity kam mehrmals in der Woche von London zu uns heraus, um den Tag mit ihm zu verbringen. Neue Spiele wurden erfunden. Ganz besonders gern spielte er »Schubkarre« mit ihr, und er wurde sehr geschickt darin, Besuchern die Beine wegzuziehen und sie zum Stolpern zu bringen. Zu seinem Spielzeug gehörten jetzt ein neuer Reifen und mehrere Büsche, hinter denen er Löwe spielte. Er war zufrieden, und wir fanden ihn unwiderstehlich in seiner unterhaltsamen Art. Trotz seiner Größe ging er beim Spielen sehr sanft mit uns um und machte keine Probleme. Unsere Besucher waren absolut sicher in seinem Gehege, ausgenommen Kinder, bei denen es passieren konnte, dass er sie versehentlich umstieß. Ein Löwe, der bereit war,

»Schubkarre« zu spielen, musste nicht nur einen Sinn für Humor besitzen, sondern auch Liebe zu den Menschen empfinden.

Wenn es regnete, wurde er manchmal ziemlich wild, und dann blieben wir vorsichtshalber außerhalb seines Geheges. Eine schwierige Phase mussten wir durchmachen, als ihm bewusst wurde, dass er uns ganz leicht davon abhalten konnte, wegzugehen, indem er hochsprang und uns mit seinen gewaltigen Vorderpranken festhielt. Unsere Klapse sorgten nur dafür, dass seine Entschlossenheit noch stärker wurde. In einer solchen Situation einem Löwen einen Klaps zu geben erfordert viel Mut. Aber binnen weniger Tage merkte er, dass er sich mit einem solchen Verhalten nur selbst schadete, denn es bedeutete, dass wir weniger Zeit mit ihm verbrachten. Und so beschloss er, dass es besser war, mit uns zu kooperieren.

Wir hatten Christian gekauft, als er noch sehr jung war, und es hatte Monate gedauert, eine Beziehung zu ihm aufzubauen. Wir bewunderten den Mut, den Bill und Virginia in ihren Rollen in *Born Free* bewiesen hatten, denn auf der Besetzungsliste standen gleich mehrere erwachsene Löwen. Sie hatten viel weniger Gelegenheit gehabt, eine richtige Beziehung zu den Tieren aufzubauen, wie wir es zu Christian geschafft hatten. Da er bald nach Afrika aufbrechen würde, wäre es sinnlos gewesen, wenn Bill und Virginia sich zu sehr mit ihm angefreundet hätten, aber trotzdem gingen sie oft zu ihm ins Gehege. Aufgrund ihrer Erfahrung mit Löwen kamen sie sehr gut mit ihm zurecht.

Christians Leben wurde auch in Leith Hill gefilmt, wobei ein Schwerpunkt auf seiner Eingewöhnungsphase lag. Christian schien fasziniert zu sein von dem Dokumentarfilmer James Hill, und wir verbrachten die meiste Zeit damit, ihn davon abzuhalten, James anzuspringen. James betonte immer wieder, er habe keine Angst, aber er wolle sich »seine neue Hose nicht kaputt machen lassen«. Anscheinend hatte er an jedem Filmtag eine neue Hose an, und so führte er lieber von außerhalb des Geheges Regie.

Bill beschloss, Christian an einem englischen Strand zu filmen. Wir waren von der Idee nicht begeistert, zum einen war drei Uhr morgens eine wenig verlockende Zeit, um den Tag zu beginnen, und zum anderen wussten wir, dass wir es sein würden, die sich während der langen Fahrt mit Christian abgeben müssten – schließlich waren es hin und zurück hundert Kilometer. Er war inzwischen viel zu groß, um in einem Auto zu verreisen, also nahmen wir das Wohnmobil von Bill und Virginia. Es war auch für uns das erste Mal, dass wir einen englischen Strand zu Gesicht bekamen. Er war grau, trostlos und verlassen. Aber wir erlebten einen schönen Sonnenaufgang und filmten mehrere Szenen, in denen Christian mit uns vieren am Strand entlangrannte. Er wollte auf keinen Fall nass werden. Anfangs gefiel ihm der Ausflug, aber schließlich wurde es ihm langweilig, immer an der Leine warten zu müssen, bis die Kameras in Position waren. Einen Löwen seiner Größe zu verärgern wäre unklug gewesen, also brachten wir ihn wieder nach Hause. Die Abdrücke seiner Pranken im Sand dürften die Badenden an jenem Tag bestimmt sehr verwirrt haben.

Christian hatte nun zehn Wochen in Leith Hill verbracht, und das Leben dort verlor seine Anziehungskraft für ihn. Uns ging es genauso, unser Wohnwagen schien immer mehr zu schrumpfen. Es gab Tage, an denen es ununterbrochen regnete, und die ständigen Verzögerungen deprimierten uns. Christian war oft frustriert, und die Anspannung, die seine letzten Wochen im Sophistocat geprägt hatten, kehrte zurück. Ab und zu kletterte er am Zaun seines Geheges hoch, und wir mussten die Absperrung oben sicherheitshalber verstärken. Wir hofften, dass er sich nur unserer Aufmerksamkeit versichern wollte und dass er nicht vorhatte, einen Fluchtversuch zu unternehmen.

Am 12. August 1970 feierte Christian seinen ersten Geburtstag. Unity machte ihm einen Geburtstagskuchen aus Hackfleisch. Obendrauf steckte eine Kerze, und bevor Christian sie mitsamt dem Kuchen fraß, wünschten wir uns, dass er hoffentlich bald in Kenia sein könnte.

»Fashion victims«: Ace Bourke (links) und John Rendall 1970 mit Christian auf der King's Road.

Oben: Ostern 1970: Und alle haben überlebt ...

Links: Papierkörbe gehören erst auf den Kopf, dann zwischen die Zähne.

Ganz links: In der Wohnung über *Sophistocat*.

Links: Das ganze Reich fest im Blick.

Unten: Der Lieblingsplatz auf der Treppe.

Oben: Fußball im Pfarrgarten.

Rechts: Wie alle andern Löwen auch hat Christian Kinder gern.

Keine offene Schublade ist vor Christian sicher.

John (links) und Ace mit Christian im Treppenhaus.

John (links), Christian und Ace im Laden *Sophistocat*.

Beim Lunch mit dem Model Emma Breeze,
Casserole Restaurant, King's Road.

Oben: Christian und Mark beim Friseur *Todd's Hairdressers* in World's End.

Rechts: In der Wohnung über *Sophistocat*.

Links: Radiomoderator Jack de Manio interviewt Christian für Radio 4. Aber ein Brüllen hat er nicht aus ihm herausbekommen.

Unten: Christian trifft Virginia McKenna und Bill Travers.

Rechts: Warten auf neue *Sophistocat*-Kunden.

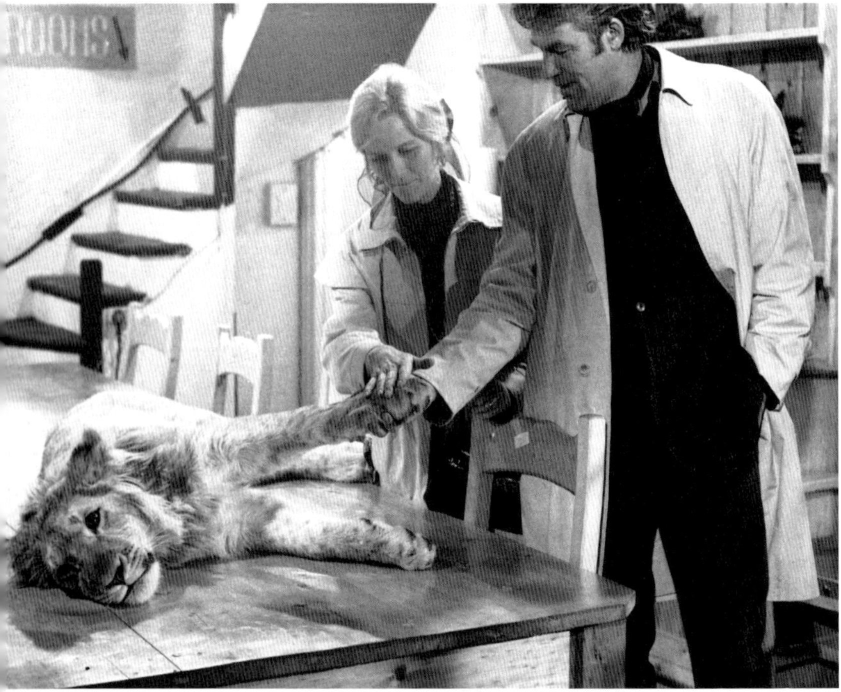

Versteckspiel im Pfarrgarten.

Mit zehn Monaten in Leith Hill. Die Mähne beginnt zu wachsen.

Links: Virginia McKenna, Bill Travers, Ace und John vor Christians Zigeunerwagen in Leith Hill.

Oben: Christian und seine beste Freundin Unity Bevis-Jones spielen Schubkarre.

Oben: John und Christian spielen in Leith Hill.

Rechts oben: John befreit Christian von einem Zweiglein.

Rechts unten: John, Christian und Ace machen Pause.

Heathrow Airport: Ace und John sehen nach ihrem Löwen.

Rechts oben: Christians Transportkiste wird an Bord der East African Airways Maschine verladen.

Rechts unten: George Adamson, Bill Travers, Ace und John mit Christian am Flughafen von Nairobi.

EAST AFRICAN

Ace, John und Christian in Kora, Kenia.

Christian am Ufer des Tana. John und Ace halten Ausschau nach Krokodilen.

Das erste Camp am Tana.

Die drei Monate alte Katania mit Boy, aus dem Film *Born Free.*

Oben: Die erste Begegnung von Christian und Katania.

Links: George Adamson und Christian in Kora.

Schreckensmoment: Trotz Drahtzaun zeigt Boys Angriff Christian, wer hier der Chef ist.

Rechts, rechtes Bild: Dramatische Sekunden, als Boy und Christian erstmals direkt aufeinander treffen.

Rechts, linkes Bild: Instinktiv reagiert Christian richtig, unterwirft sich und zieht nur ein paar Kratzer davon.

Für trockene Pfoten nimmt Christian weite Sprünge in Kauf.

Christian im dichten Unterholz in Kora.

Oben: George, Ace, Christian und John suchen Schatten im Camp.

Rechts: Christians erste Nacht im Busch: lieber mal tasten, ob John noch da ist.

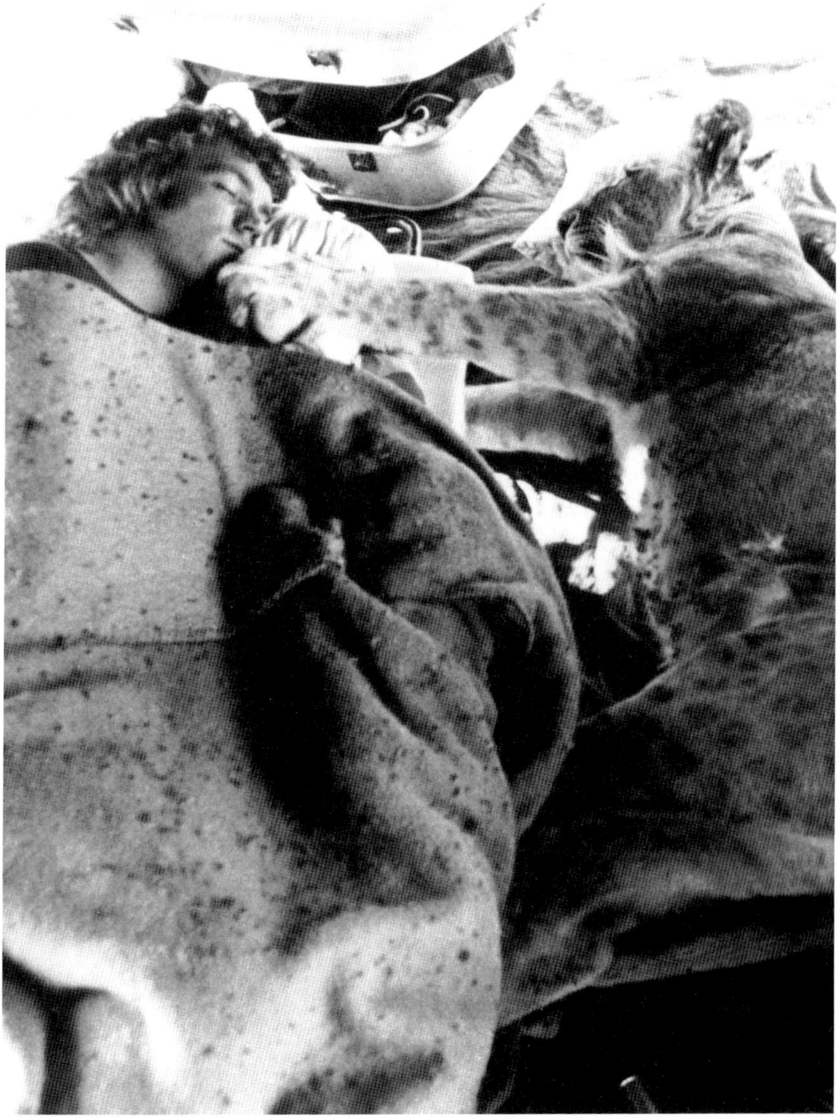

Das Wiedersehen 1971

Unten: Als er Ace und John erkennt, stürmt Christian los.

Oben: ... und fällt ihnen in die Arme. Innerhalb eines Jahres ist Christian doppelt so groß geworden.

In 1972 kommen Ace und John wieder. Christian ist inzwischen ausgewachsen. Trotzdem erkennt er sie wieder und begrüßt die beiden herzlich.

Christian und sein Königreich in Kora.

8

Christians Eltern

Wir mussten Christian für seine Reise nach Kenia vorbereiten, denn der lange Flug nach Nairobi würde bestimmt eine Tortur für ihn werden. Er sollte mit East African Airways fliegen, und die Bestimmungen legten fest, dass er in einer Kiste im Frachtraum mit Druckausgleich reisen musste. Es war ein Elf-Stunden-Flug, aber da Christian schon in Leith Hill in seine Kiste eingesperrt werden würde, lagen mindestens fünfzehn Stunden Gefangenschaft vor ihm. Als Bill mit der Fluggesellschaft verhandelte, meinte einer der Verantwortlichen: »Da scheint ein Fehler vorzuliegen, Mr Travers. Sie beabsichtigen doch nicht im Ernst, einen Löwen von England nach Afrika auszufliegen? Das ist ja wie Eulen nach Athen tragen.«

Wir stellten sorgfältige Nachforschungen an, was

Christians Flug betraf, und telefonierten mit mehreren Tierhändlern und Zoos, um herauszufinden, welches die besten Methoden für den sicheren Transport exotischer Tiere waren. Wir erfuhren, dass es die unterschiedlichsten Meinungen zu diesem Thema gab. Großes Interesse an dem Problem hatte jedoch niemand. Wir hätten gern gehört, dass Tiertransporte heutzutage eine sensible und gut überlegte Operation sind, aber die traurige Wahrheit ist, dass man sich zwar mit einigen wenigen Tieren große Mühe gibt, dass die meisten aber noch immer rücksichtslos rund um die ganze Welt transportiert werden. So werden zum Beispiel die Bedingungen, unter denen Schafe von Australien aus in den Nahen Osten verschifft werden, schon seit Langem heftig kritisiert.

Es gab Leute, die uns eine möglichst kleine Kiste empfahlen, weil sie es dem Tier unmöglich machte, sich umzudrehen: Je weniger Platz das Tier hätte, umso weniger könne es sich bewegen und sich dabei selbst verletzen. Wir sprachen mit Oliver Graham-Jones, dem ehemaligen Tierarzt des Londoner Zoos. Damals war er gerade einer breiten Öffentlichkeit bekannt geworden wegen seiner Versuche, am Panda Chi-Chi, der von London nach Moskau und wieder zurück transportiert worden war, eine Insemination vorzunehmen. Er riet uns, Christian leicht zu betäuben, indem wir seiner Nahrung ein Beruhigungsmittel zufügten. Dadurch würde jeglicher Stress für ihn abgemildert. Christian würde vermutlich die ganze Reise über schlafen. Wir entschieden uns dafür, eine Kiste zu bestellen, die so groß war, dass er darin aufrecht sitzen und sich umdrehen konnte, mit Gitterstäben am einen Ende und einer Schiebetür am anderen. Besonderen Wert legten wir darauf, dass es keine rauen Oberflächen oder scharfen Kanten gab, an denen er sich verletzen könnte.

Als die Kiste geliefert wurde, stellten wir sie in Christians Gehege, damit er sich damit anfreunden konnte. Er bekam sein Futter in der Kiste, und jede Nacht schlossen wir den Wohnwagen, um ihn zu ermutigen, darin zu schlafen. Tagsüber sperrten wir ihn für kurze Zeit darin ein, damit die wirkliche Reise kein so großer Schock für ihn wurde.

East African Airways verlangte eine Gebühr von zwei Pfund pro Pfund Lebendgewicht, um Christian nach Kenia zu fliegen, also mussten wir ihn wiegen. Wir liehen uns vom Metzger, dessen Verwirrung noch ein bisschen größer wurde, eine Waage aus und banden sie an einem Seil am Baum fest. Wir legten einen leeren Sack unter Christians Bauch, hoben ihn hoch und hakten beide Enden des Sacks unten an der Waage fest. Er baumelte hilflos, ließ es sich aber gutmütig gefallen. Für Bill und uns war es nicht leicht gewesen, ihn hochzuheben, und so waren wir auch nicht überrascht, als wir sahen, dass er hundertsechzig Pfund auf die Waage brachte. Auch ein tierärztliches Attest war erforderlich, und Christian wurde von einem Tierarzt untersucht und mit Catovac geimpft, um ihn vor

Krankheiten zu schützen, für die sein Immunsystem in Afrika nicht ausreichte.

Schon immer hatten wir Christians Eltern im Zoo von Ilfracombe in Devon besuchen wollen, und wegen der vielen Verzögerungen in Leith Hill hatten wir jetzt Gelegenheit, dies endlich zu tun. Der Zoo war typisch für viele kleine Zoos auf dem Land, die es damals über ganz England verstreut gab. Die meisten sind heute geschlossen. Ilfracombe ist ein beliebtes Urlaubsziel, und dem Zoo war eine Feriensiedlung angeschlossen. Dort herrschte eine ziemlich billige Jahrmarktsatmosphäre, und die Käfige für Schimpansen, Lamas, Vögel und sogar ein paar verwahrloste Kängurus waren sehr klein und nur mit dem Nötigsten ausgestattet. Die Löwen waren die Hauptattraktion, und Christians Eltern Butch und Mary waren die prächtigsten Löwen, die wir je zu Gesicht bekamen. Trotz ihrer sehr beschränkten Lebensumstände machten sie einen rundum gesunden Eindruck. Anders als die Löwen in der Wildnis, die, nachdem sie Beute gemacht haben, ruhen, bis sie wieder hungrig sind, wurden Butch und Mary täglich gefüttert, damit sie nachts nicht brüllten und so die Urlauber in der nahe gelegenen Feriensiedlung störten. Christian sah seinem gut aussehenden dreijährigen Vater mit seiner wuchtigen Mähne sehr ähnlich. Butch und Mary waren ein zärtliches Paar, schritten aber ständig auf dem Zementboden ihres kleinen Käfigs hin und her. Der Besitzer des Zoos war bereit, sie für fünfhundert

Pfund zu verkaufen, aber wir trauten uns nicht, Bill zu fragen, ob auch Butch und Mary mit nach Kenia fliegen konnten.

Wir erkundigten uns beim Besitzer auch nach Christians Schwestern und erfuhren den Namen des Tierhändlers, an den er sie verkauft hatte. Wir nahmen Kontakt zu ihm auf, aber da er 1969 achtundfünfzig Löwenwelpen verkauft und darüber nicht genau Buch geführt hatte, konnte er uns nur sagen, dass er sie wahrscheinlich an einen Zirkus verkauft hatte. Christians Schwester bei Harrods, die den Namen Marta bekommen hatte, war mit einem nicht gedeckten Scheck gekauft und dann sofort an einen unbekannten Dritten weiterverkauft worden. Der folgende Brief, den der Einkäufer von Harrods, Roy Hazle, bekommen hatte, sorgte für ein wenig Aufklärung:

HM Prison
Jobb Avenue
Brixton
London SW2
26. Dezember 1969

Sehr geehrter Herr,
ich habe erfahren, dass Sie und die Dame, die mit Ihnen zusammenarbeitet, wegen des Löwenwelpen besorgt sind, den ich von Ihnen gekauft habe. Ich möchte Ihnen zu Ihrer Beruhigung mitteilen, dass er in einem sehr hübschen Zuhause lebt und eine beheizte Hütte und einen großen Garten zum

Spielen hat. Zwei nette Mädchen kümmern sich um ihn, weil er das Haustier der Familie ist. Er bekommt das beste Futter: jeden Tag ein Dutzend Eier und frische Milch und jede Menge Fleisch. Er lebt im Haus eines Filmstars. Also seien Sie bitte unbesorgt und sagen Sie der Dame, die sich um ihn gekümmert hat, dass er kein besseres Zuhause hätte finden können. Dies wird ihr ein kleiner Trost sein, denn ich weiß, dass sie ihn sehr gern hatte. Machen Sie sich also keine Sorgen, man kümmert sich gut um ihn.

Hochachtungsvoll
J. R. Styles

Trotz dieses Briefs und obwohl wir uns weiterhin bemühten, Marta zu finden, entdeckten wir nie eine Spur von ihr.

Es liegt eine gewisse Ironie darin, dass so viele Hunde und Katzen über Stammbäume verfügen, während es beinahe unmöglich ist, die Geschichte eines Löwen nachzuvollziehen, weil es kaum Aufzeichnungen gibt. Heutzutage, da praktisch nur noch die großen Zoos überlebt haben, hat sich die Situation grundlegend verändert: Um Genpools zu schützen, ist es nötig, genaue Aufzeichnungen über jedes Tier zu machen. Butch war vom Zoo in Rotterdam gekauft worden und könnte mit Elsa verwandt gewesen sein, weil Joy und George Adamson Elsas Schwestern 1956 von Kenia nach Rotterdam geschickt hatten. Christians Familiengeschichte war deprimierend, weil sie typisch war für das Schicksal in Gefangenschaft lebender Tiere, und indem wir Christian kauften, trugen wir unwissentlich dazu bei, dass dies auch weiterhin so blieb.

Unweigerlich verglichen wir Christians Zukunft mit dem Leben seiner Eltern. Freiheit anstatt Zement, Gitter und Langeweile. Keiner von uns hatte bisher einen Zoo besucht, der uns das Gefühl gegeben hatte, dass die Tiere einen glücklichen Eindruck machten, obwohl sie eingesperrt waren. Zoos sollten ständig überwacht werden, und gewisse Standards dürften nicht unterschritten werden. Wir sind jedoch der Ansicht, dass eine Anti-Zoo-Haltung unrealistisch ist, da in Zoos heute unschätzbare wissenschaftliche und genetische Forschung betrieben wird. Auf diese Weise ist die Erhaltung gefährdeter Arten sichergestellt. Tiere wie die arabische Oryx-Antilope, das weiße Rhinozeros in Kenia und Tansania, die in ihrem natürlichen Lebensraum beinahe ausgestorben sind, konnten dadurch gerettet werden.

Christian hatte in uns ein Gefühl der Verantwortung für alle anderen Tiere geweckt. Bill und Virginia sagten übereinstimmend, dass ihr Umgang mit den Löwen während der Dreharbeiten zu *Born Free* einen nachhaltigen Einfluss auf ihr Leben hatte, und wir diskutierten mit ihnen sehr oft darüber, wie man Wildtiere erhalten und schützen könnte. Zum ersten Mal wurde uns klar, wie unglaublich kurzsichtig der Mensch gewesen war. Viele der Fragen, die wir uns damals gestellt haben, sind inzwischen durch den wachsenden Konkurrenzkampf zwischen Mensch und Tier um Lebensräume und Ressourcen und durch die mit der globalen Erwärmung verbundenen Probleme noch viel drängender geworden. Endlich begriffen wir auch den engen Zusammenhang zwischen dem Menschen und seiner natürlichen Umgebung und dass Lösungen nur ganzheitlich angegangen werden können.

Als wir in unserem Wohnwagen in Leith Hill saßen, beschlossen wir, den besten Zoo der Welt zu gründen. Unser Zoo sollte beispielgebend für alle anderen sein und die besten Lebensbedingungen in Gefangenschaft ermöglichen, und er sollte die aktuellsten Informationen über das Leben der Tiere bereitstellen. Weltweit anerkannte Experten würden mit führenden Architekten und Designern zusammenarbeiten, um eine der Natur weitestgehend nachempfundene und gleichzeitig hoch entwickelte Umgebung zu erschaffen. Wir wollten es jedoch nicht dabei belassen, unsere gesünderen und glücklicheren Tiere perfekt zu präsentieren, wir wollten darüber hinaus Vortragssäle bauen, in denen Zoologen und andere Spezialisten Vorträge halten könnten, und Kinos, um Dokumentationen über Tiere in ihrer natürlichen Umgebung zu zeigen. Es würde Buchläden geben, dazu eine Bibliothek für Bücher und Filme. Unser Zoo würde zu einem Zentrum für Forschung und Information werden, weltweite Standards festlegen und allen Menschen mit Rat und Tat zur Seite stehen, die sich um in Gefangenschaft lebende Tiere kümmern.

Wir begannen zu überlegen, wie wir für Christian ein freundlicheres Gehege hätten gestalten können, eins, in dem er sich weniger eingeengt gefühlt hätte. Warum müssen so viele Tiere in Zoos in Gehegen und Käfigen leben, die monoton und einfallslos symmetrisch angelegt sind, mit praktischen, aber kalten Zementböden? Wo bleiben Fantasie und Gestaltungswille? Warum gibt es keine Gehege, die der Mensch durch geschlossene Korridore betritt und in denen die Tiere die Freiheit haben, sich fast ganz um die Menschen herum zu bewegen? Das würde den Menschen wenigstens ansatzweise das Gefühl vermitteln, wie es ist, wenn man in Gefangenschaft lebt. Wenn wir zurückblicken, freuen wir uns, dass ein paar dieser Ideen Eingang gefunden haben in die Umgestaltung und den Bau von einigen Gehegen und dass das Wohlbefinden der Tiere inzwischen an oberster Stelle steht. Der Frankfurter Zoo ist führend auf diesem Gebiet, und im Taronga Park in Sydney sind einige fantasievolle Gehege entstanden.

Wir mussten so lange in Leith Hill warten, dass Christian inzwischen aus seiner Kiste herausgewachsen war. Das fiel uns auf, weil er, wenn wir ihn einschlossen, manchmal frustriert mit seinen Pranken gegen die Gitterstäbe schlug und sich die Ballen dabei aufriss. Bei seiner nächsten, größeren Kiste baten wir darum, die Gitterstäbe horizontal anzubringen, sodass er sich zumindest auf diese Weise nicht mehr verletzen konnte. Obwohl die Firma, die diese Kiste herstellte, seit vielen Jahren Zoos und Tierhändler versorgte, war sie noch nie gebeten worden, diese ganz offensichtliche Verbesserung vorzunehmen. Für uns war dies ein Hinweis darauf, wie wenig einfühlsam Tierhändler sind.

Nach drei Monaten in Leith Hill zweifelten wir allmählich daran, dass George jemals einen passenden Ort für Christians Wiederansiedlung finden würde, und hatten Angst vor den Alternativen, die wir dann in Betracht ziehen müssten. Das endlose Warten und die beengten Wohnverhältnisse deprimierten uns sehr. Inzwischen fühlten wir uns nicht mehr wie Stars, und wir fragten uns, wie man uns wohl in dem Film porträtieren würde. Auch fürchteten wir, dass Christian nur ein weiteres Tier in einer weiteren Tierdokumentation von Bill Travers und Virginia McKenna sein würde. Aber Christians Geschichte war einzigartig. Er war der unbestrittene Star des Films, und wir anderen hatten alle nur kleine Nebenrollen. Und dann, wie damals in London, als die Situation zu eskalieren drohte, kam gerade rechtzeitig das Signal für den Beginn eines neuen Abschnitts in Christians Leben. George Adamson schickte ein Telex. In wenigen Tagen würde Christian England verlassen und nach Kenia reisen.

9

»Eulen nach Athen tragen«

Am 22. August 1970, um 15:30 Uhr, wurde Christian in seine Kiste geführt. Diesmal nicht nur für seine üblichen paar Minuten, sondern für mindestens fünfzehn Stunden. Strömender Regen sollte seine letzte Erinnerung an England sein. Er bekam ein leichtes Beruhigungsmittel, versteckt in Fleischbrocken, und dann trugen wir seine Kiste zum Lieferwagen, der ihn zum Flughafen Heathrow bringen sollte. Löwen haben kein Gepäck, und wir konnten seine Leine zurücklassen, da er sie nicht mehr benötigte. Unity war selbstverständlich nach Leith Hill gekommen, um sich von ihm zu verabschieden, und sie versprach unter Tränen, ihn in Kenia zu besuchen.

Gemeinsam mit Christian, der verwirrt, aber nicht beunruhigt war, folgten wir Bill und Virginia, die mit dem Auto zum Flughafen vorausfuhren. Der Wagen, in dem unser Kameramann saß, wurde irgendwann von der Polizei angehalten, weil er ohne Erlaubnis filmte, dabei kreuz und quer fuhr und den Verkehr behinderte. Aber Virginia McKenna zusammen mit einem Löwen, der nach Afrika unterwegs war – das reichte, um die überraschten Polizisten zu besänftigen. Sie ließen Milde walten, und der Konvoi durfte weiterfahren. In Heathrow fuhren wir direkt aufs Rollfeld und parkten neben der Maschine der East African Airways. Gegen die Kälte auf diesem langen Nachtflug wurde Sackleinen um die Kiste gewickelt. Das Beruhigungsmittel zeigte Wirkung, denn Christian war trotz des Fluglärms und der neugierigen Menge, die sich um ihn versammelt hatte, ziemlich entspannt. Um 17:30 Uhr wurde Christians Kiste von einem Gabelstapler in den kleinen Frachtraum mit Druckausgleich gehievt. Es war ein dramatischer und besorgniserregender Augenblick, denn wir alle waren uns der Gefahr bewusst, dass Christian, allein mitten zwischen dem Gepäck, im Frachtraum sterben könnte.

Wir verließen England um 19:00 Uhr zusammen mit Bill und der Filmcrew und mit Christian, der sich irgendwo unter uns befand. Der einzige geplante Zwischenstopp vor der Landung auf dem Jomo Kenyatta Airport in Kenia war eine Stunde später in Paris. Wir durften in den Frachtraum klettern, wo wir zu unserer großen Erleichterung Christian schlafend und ruhig vorfanden. Wir waren uns einig, dass es nicht nötig war, ihm noch mehr Beruhigungsmittel zu geben, also schoben wir nur Fleischstücke durch die Gitterstäbe und füllten seine Wasserschale auf. Doch der anstrengendste und längste Teil des Fluges lag noch vor uns.

Um 7:00 Uhr morgens landeten wir in Nairobi. Afrika verbindet man mit ununterbrochenem Sonnenschein, genauso wie Australien oder Kalifornien, aber es war bedeckt und kalt. Wir hatten uns zwar vergewissert, dass keine Regenzeit war, aber übersehen, dass hier Winter herrschte. Auf dem Rollfeld warteten wir besorgt darauf, dass Christians Kiste entladen wurde. Er hatte überlebt! Seine Tortur war fast vorbei, aber da das Beruhigungsmittel nun nicht mehr wirkte, war er sehr aufgebracht. George Adamson war gekommen, um uns in Empfang zu nehmen, und er sorgte dafür, dass Christian zu einem Gehege für Tiere gebracht wurde, bis wir die Einreise- und Zollformalitäten erledigt hatten. Christian war erleichtert, dass er die Kiste verlassen durfte, und begrüßte uns liebevoll. George bezeichnete ihn als einen »hübschen, freundlichen kleinen Kerl«. Weder war er verletzt, noch wies sein Körper irgendwelche Spuren auf, aber er war wackelig auf den Beinen und machte einen erschöpften Eindruck. Seine Augen waren trübe, sein Fell wirkte stumpf, und er sah dünner aus. Dennoch konnten wir es nicht fassen, dass Christian nach all den Verzögerungen und Enttäuschungen sicher in Kenia angekommen und dem Schicksal eines Lebens in Gefangenschaft im Vereinigten Königreich entkommen war.

Endlich lernten wir George Adamson kennen, der Elsa ausgewildert hatte und der mehr über Löwen wusste als sonst jemand auf der Welt. Er würde Christian mit der Wildnis bekannt machen. Er war überraschend klein und sah gepflegt aus in seinem frisch gestärkten Safarianzug. Er hatte kurz geschnittenes graues Haar und einen Spitzbart. Er redete nur leise, und seine durchdringenden blauen Augen schienen uns zu mustern. Im Vorwort zu diesem Buch schreibt er, dass er zu Christian sofort Vertrauen gefasst hätte, dass er sich bei uns aber nicht so sicher gewesen sei! Erst nach ein paar Tagen wurde er uns gegenüber ein bisschen lockerer. Er war intelligent und witzig, und er gab zu, dass die Herausforderung, Christian auszuwildern, aufregend sei und ihn mit Begeisterung erfülle.

Das von der kenianischen Regierung für diesen Zweck zugewiesene Gebiet befand sich in Kora, in der Nähe von Garissa, vierhundertfünfzig Kilometer nordöstlich von Nairobi. Damit man Kora erreichen konnte, war von Georges Bruder Terence Adamson zusammen mit einem afrikanischen Arbeitstrupp eine gut dreißig Kilometer lange Schneise durch den Urwald geschlagen worden. Bill und George beschlossen, die Reise in zwei Etappen zu absolvieren, damit das Camp genügend Zeit hatte, sich auf unsere Ankunft vorzubereiten. Auch für Christian wäre es auf diese Weise leichter.

Die Wahl war auf Kora gefallen, weil kein anderer das Land haben wollte. George beschrieb es als einen trostlosen und unattraktiven Teil von Kenia, wo nur wenige Afrikaner lebten; dort gab es die Krankheiten übertragende Tsetsefliege, und in der Regenzeit konnte es vorkommen, dass die Gegend unpassierbar war. Der Wildbestand war zwar nicht üppig, aber er würde für Christian und die anderen Löwen des Rudels, das George aufbauen wollte, ausreichen. Für die exklusive Nutzung dieses Landes, das keiner haben wollte, musste die Filmgesellschaft siebenhundertfünfzig Pfund pro Jahr zahlen.

Christian blieb zwei Tage im Verwahrungsgehege des Flughafens. Wir wohnten in Nairobi und fuhren mehrmals am Tag zu ihm hinaus, um nach ihm zu schauen und ihn zu füttern. Wenn wir nicht da waren, schlief er augenscheinlich zufrieden, aber der Flug schien ihn völlig durcheinandergebracht zu haben. Unsere Besuche lockten viele Afrikaner an, und uns wurde klar, dass die meisten von ihnen noch nie einen Löwen gesehen hatten und auch kaum andere einheimische Tiere. Bis in die frühen siebziger Jahre konnten sich nur Touristen einen Besuch in den Wildparks leisten. Jedes Mal, wenn Christian zum Tor des Geheges kam, wich die Menge verängstigt zurück. Wir sprachen mit verschiedenen Beamten auf dem Flughafen und fanden heraus, dass sie keinen Sinn darin sahen, einen Löwen auszuwildern, geschweige denn, ihn mit einem solch großen Aufwand aus England einzufliegen.

Wir besuchten den Nairobi National Park und

sahen viele Tiere in ihrer natürlichen Umgebung. Wir waren gerade mal fünfundzwanzig Kilometer von Nairobi entfernt und konnten das Hilton Hotel deutlich am Horizont erkennen. Bill hatte Gelegenheit, George und mehreren anderen Leuten das bisher in England gedrehte Filmmaterial zu zeigen. George war besonders an den Zeitlupenaufnahmen interessiert, den ersten, die je von einem Löwen gemacht worden waren.

Am Ende des zweiten Tages hatte Christian sich von seinem Flug erholt, und so brachen wir am nächsten Morgen von Nairobi aus in mehreren Landrovern zur ersten Etappe unserer Reise auf. Christian fuhr hinten in Georges Landrover mit. Er lief rastlos hin und her, und wir stellten besorgt fest, dass er sich seine Nase und die Stirn an der Gitterabtrennung zu den Vordersitzen sehr rasch wund rieb. Wir hielten oft an, um ihm Wasser zu geben und um zu versuchen, ihn zu beruhigen. Ob George dachte, dass wir uns um unseren verwöhnten Löwen zu viele Gedanken machten? Während einer dieser Pausen warnte George uns, dass Christian weglaufen könnte, wenn wir ihn aus dem Fahrzeug ließen, und wir waren sehr stolz, als er zu Georges Erstaunen wieder gehorsam in den Wagen hineinsprang.

Je weiter der Tag voranschritt, desto heißer, trockener und trostloser wurde die Umgebung. Georges Beschreibung von Kora hatte uns deprimiert, und jetzt konnten wir uns selbst ein Bild von der Natur des

Landes machen, in dem Christian leben würde. Wir legten gut dreihundert Kilometer zurück und erreichten kurz vor Einbruch der Nacht ein provisorisches Camp, das von der Safari-Gesellschaft errichtet worden war, die man für uns engagiert hatte. Dort verbrachten wir zwei Nächte. Christian war erschöpft, und wir brachten ihn in das kleine Gehege, das für ihn bereitstand. Wir beschlossen, uns mit unseren Betten zu ihm zu legen. Prompt kletterte er auf eins der beiden und schlief ein. Seine erste Nacht im afrikanischen Busch!

In der Stille und der erfrischenden Kühle des afrikanischen Abends setzten wir uns an einen großartig gedeckten Tisch, an dem uns Afrikaner in fließenden blauen Kaftans und roten Boleros und Kappen ein köstliches Drei-Gänge-Menü servierten. Es war eine unwirkliche, aber auch sehr angenehme Überraschung. Beim Essen entspannte George sich, und er bat uns, wir sollten ihn George nennen. Er erzählte uns von den anderen Löwen, die mit Christian zusammen ausgewildert werden sollten. In Naivasha warteten schon zwei andere Löwen, die auch für ein neues Rudel vorgesehen waren. Eine hieß Katania, eine vier Monate alte Löwin, die gefunden und zu George gebracht worden war. Ihre Mutter war vermutlich tot. Der andere hieß Boy, ein siebenjähriger Löwe, der ein außergewöhnliches Leben hinter sich hatte.

1963 waren Boy und seine Schwester Girl als junge Welpen verlassen worden oder entlaufen und von einem gewissen Sergeant Ryves vom Scots Guards Regiment gefunden worden, das in der Nähe von Nairobi stationiert war. Die Welpen wurden von seiner Frau Hildegarde und ihren zwei kleinen Töchtern Jenny und Patricia liebevoll großgezogen, und sie waren so friedlich und beliebt, dass sie zum Maskottchen des Regiments wurden. Als das Regiment wieder ins Vereinigte Königreich zurückkehrte, überlegte man sogar, Boy und Girl mitzunehmen, aber glücklicherweise wurden sie George Adamson anvertraut, damit er sie auswilderte. Bevor sie in die Wildnis zurückkehrten, spielten die Welpen in dem Film *Born Free* mit, und Girl übernahm darin die Rolle der Löwin Elsa. Die meisten anderen Löwen, die bei diesem Film mitgewirkt hatten, wurden an Zoos und Zirkusse verkauft. Das verärgerte Joy, George, Bill und Virginia, und es kam zu einem heftigen Streit. Im April 1965 zogen Boy und Girl mit George in den Meru National Park.

Ihre Auswilderung verlief erfolgreich, aber im Oktober 1969 fand Joy ganz zufällig Boy – ausgezehrt und möglicherweise von einem Büffel schwer verletzt. Er wurde von den erfahrenen Wildtierärzten Tony Harthoorn und seiner Frau Sue operiert, und während dieses komplizierten Eingriffs wurde in eins von Boys Beinen ein Stahlstift eingeführt. Joy und George pflegten ihn neun Monate lang in Naivasha. Es war ein glücklicher Zufall, dass Bill ausgerechnet genau dann, als Boy fast wieder gesund war, um in die Wildnis zurückzukehren, mit George Kontakt aufnahm wegen Christian. George wollte unser Camp ein paar Tage früher verlassen, um Boy und Katania aus Naivasha zu holen.

Am nächsten Morgen machte Christian seinen ersten Spaziergang in Afrika. Als symbolische Geste nahmen wir ihm sein Halsband ab, von dem er nun für immer befreit sein würde, und folgten ihm zusammen mit Bill und George. Auf diesem unfruchtbaren Stück Land schien nur dorniges Gestrüpp zu wachsen, und es gab nichts, woran man sich hätte orientieren können. Christian, der in dem Londoner Möbelladen so riesig ausgesehen hatte, wurde in dieser Umgebung zum Zwerg. Es war unglaublich heiß, aber er lief einfach ruhig vor sich hin und nahm alles in sich auf. Instinktiv wusste er, wie er mit seinen Zähnen Dornen aus seinen zarten Pfoten ziehen musste, und wir stellten fest, dass die Farbe seines Fells eine wunderbare natürliche Tarnung bildete. Wir spürten, dass er jetzt in einer Umgebung war, die ihm rechtmäßig zustand.

Da es eine Gegend ohne Wasser war, hielten wir es für unwahrscheinlich, dass wir andere Tiere zu sehen bekämen, aber am späten Nachmittag kam eine Gombi, eine große domestizierte afrikanische Kuh, die sich wohl verirrt hatte, auf das Camp zugelaufen. Auf der Suche nach Wasser oder Nahrung hatte sie sich von ihrer Herde entfernt. Christian sah die Gombi und begann sofort, sich anzuschleichen. Das Tier hatte gewaltige scharfe Hörner, und George warnte uns. Wir sollten Christian davon abhalten, sich der Kuh zu nähern, denn so unerfahren, wie er war, könnte er leicht verletzt werden. Er ließ sich aber nicht zurückhalten, also hastete George zu seinem Landrover und fuhr genau zwischen Christian und die Gombi, die daraufhin davonlief. Bevor Christian die Verfolgung aufnehmen konnte, packten wir ihn zu zweit, um ihn in den Landrover zu verfrachten. Zum zweiten Mal in seinem Leben knurrte er eine beängstigende Warnung, und wir ließen ihn sofort los. Die Gombi war verschwunden, und Christian, der zu Recht wütend war, folgte uns zögerlich zurück ins Camp.

George war beeindruckt, wie perfekt und instinktiv genau richtig sich Christian an die Gombi angeschlichen hatte, und er erklärte uns, dass er dabei einen großen Halbkreis beschrieben und sich die natürliche Deckung der Büsche zunutze gemacht hätte. Seine Position hatte er richtigerweise so gewählt, dass der Wind seinen Geruch nicht zur Gombi hintragen und diese aufschrecken konnte. George meinte: »Wir werden keinerlei Probleme haben, den jungen Christian an die Wildnis anzupassen.« Wieder fühlten wir uns sehr stolz.

Bis zu unserem endgültigen Camp in Kora mussten wir noch hundertdreißig Kilometer bewältigen. Die Straße war uneben und mit pudrigem Staub vulkanischen Ursprungs bedeckt, sodass wir sehr langsam fahren mussten. Während wir uns dem Camp am Tana näherten, stellten wir erleichtert fest, dass die Landschaft etwas fruchtbarer und weniger eintönig wurde. Wir entdeckten Elefanten, Wasserböcke und ein paar Giraffen, und endlich wurde Afrika für uns lebendig. Wir fuhren an einem Dorf vorbei, dessen Bewohner einfache Wickeltücher, Halsketten und Armbänder trugen. Es waren die ersten Afrikaner, denen wir begegneten, die wohl noch genauso wie vor Jahrhunderten lebten und keine eintönige westliche Kleidung trugen.

Auf den letzten fünfunddreißig Kilometern musste bei den Landrovern oft der Allradantrieb eingeschaltet werden, vor allem dann, wenn wir sandige Flussbetten durchquerten. Schlagartig wurde uns klar, warum dieses Gebiet in der Regenzeit oftmals unpassierbar war. Am späten Nachmittag trafen wir im Camp ein, das in einer unerwartet reizvollen Umgebung lag. Unsere Zelte standen unter den riesigen Dumpalmen, direkt neben dem breiten Tana. Christians lange Reise war zu Ende, und wir konnten es kaum fassen, dass wir es tatsächlich geschafft hatten, ihn an den Ort zu bringen, wo er leben sollte. Zweifellos standen ihm noch viele Herausforderungen bevor: die Begegnung mit den anderen Löwen … und einfach nur zu überleben.

George brach am nächsten Morgen auf, um die anderen Löwen aus Naivasha abzuholen. Er würde mehrere Tage wegbleiben. Wir wurden über die Maßen verwöhnt: Unsere Zelte waren bequem und frei von Insekten, für unsere Mahlzeiten war gesorgt, heißes

Wasser zum Duschen wurde vorbereitet, und unsere Kleidung wurde gewaschen und manchmal sogar gebügelt. Christian war nachts in einem Gehege neben den Zelten. Die Afrikaner, die zum Safari-Unternehmen gehörten, hatten jedoch Angst vor ihm, und wenn er sie zu sehr ärgerte, mussten wir ihn auch tagsüber im Gehege lassen. Wegen der großen Hitze waren wir alle lethargisch. Christian benahm sich wie der schlimmste Tourist: Er mied die Sonne und lümmelte sich bei jeder Gelegenheit auf unseren Feldbetten herum, wo er vermutlich vom kühleren Wetter in England träumte.

Frühmorgens, bevor es zu heiß wurde, oder am Spätnachmittag unternahmen wir Spaziergänge mit Christian. Nie werden wir das Gefühl von Freiheit vergessen, dass wir nach den acht Monaten in England mit den vielen Beschränkungen einfach so mit ihm herumlaufen konnten. Herrisch bahnte er sich vor uns seinen Weg und bestand immer darauf, die Führung zu übernehmen. Aber er war leicht zu lenken, und nie zog er auf eigene Faust los. Glücklicherweise begegneten wir auf diesen Ausflügen keinen anderen Tieren, denn nach unserer Erfahrung mit der Gombi war uns klar, dass wir nicht in der Lage sein würden, ihn zurückzuhalten. Wenn wir schwimmen gingen, setzte er sich in den Schatten und beobachtete uns. Ihn faszinierten die Paviane, die ihn von der anderen Flussseite her anbellten. Auch beobachtete er die Flusspferde, die sich ab und zu zeigten, und die Krokodile, die bedrohlich ins Wasser glitten, wann immer wir auftauchten.

Die Dreharbeiten gingen mit Unterbrechungen weiter, und zu jedermanns Überraschung passten sich die »Australier von der King's Road« sehr viel schneller an das Leben in Afrika an als die englische Filmcrew. Wir waren die Hitze gewöhnt und bekamen keinen Sonnenbrand und konnten die Fahrzeuge bedienen. Wir hatten einen guten Orientierungssinn, liebten den Busch, schwammen im Fluss und waren im Umgang mit Löwen selbstsicher und unbekümmert.

Hin und wieder machte Christian allerdings doch den Eindruck eines Anfängers, der noch viel lernen muss. Mit seinen großen Pranken war er ziemlich tapsig und unfähig, auf Felsen zu klettern, und wir mussten ihm oft den Weg zeigen oder ihm helfen. Zum ersten Mal in seinem Leben war er nicht mehr auf uns angewiesen, was seinen Zeitvertreib anging, doch wir waren ein wenig besorgt über sein mangelndes Interesse, irgendetwas aus eigenem Antrieb zu untersuchen. Wir wussten, dass er sich die Dornen selbst aus seinen Ballen ziehen konnte, aber oft sah er uns auch nur hilflos an und wartete darauf, dass wir das taten. Seine Ballen waren noch sehr weich. Durch die ausgedehnten Wanderungen und die Dornen wurden sie zuerst ziemlich wund, dann aber auch härter und widerstandsfähiger.

Er war zufrieden und frei und ging sehr sanft mit

uns um. Obwohl er jetzt schon sehr groß war, sprang er uns noch immer spontan in die Arme – eine Geste der Zuneigung, die uns jedes Mal fast zu Boden warf. Bald schon würden die anderen Löwen eintreffen und, wie wir hofften, sein Leben bereichern und erfüllen.

10

Ein richtiger Löwe

Während George unterwegs nach Naivasha war, um Boy und Katania zu holen, und wir am Fluss blieben, baute Terence Adamson ein Dauercamp für George in einer längst nicht so ansprechenden Gegend auf, mehrere Kilometer vom Tana entfernt. Dadurch sollte verhindert werden, dass die Löwen durch das Wasser voller Krokodile ans andere Ufer schwammen. Dort begann ein »Jagdrevier«, wo Jäger gegen Lizenz bestimmte Tiere jagen durften, und es bestand die Gefahr, dass die Löwen erschossen wurden. George wollte mindestens zwei Jahre lang in Kora bleiben.

Das war der Zeitraum, den die Löwen brauchen würden, um sich zum Rudel zusammenzufinden, sich ihr Revier zu schaffen und zu lernen, unabhängig zu handeln. Dieses zweite Camp verfügte über mehrere Hütten und Zelte innerhalb von zwei großen umzäunten Gehegen.

Nach ein paar Tagen kam George mit Boy und Katania zurück. Die Tiere wurden direkt in sein Camp gebracht. Nach zwei weiteren Tagen hatten die beiden sich von ihrer langen Reise erholt, und für Christian war der Zeitpunkt gekommen, Bekanntschaft mit den ersten afrikanischen Löwen zu machen. Als Erstes wollte man feststellen, ob er in der Lage war, sich an ein Leben mit anderen Löwen zu gewöhnen. George wollte auch wissen, ob sich sein Leben unter Menschen jetzt nicht nachteilig auswirkte. Er erklärte, dass dieses Kennenlernen nach und nach erfolgen müsse, vielleicht sogar verteilt auf Wochen und Monate. Er wollte mit Christian zusammen in einem der Gehege leben, das durch einen hohen und starken Drahtzaun von Boy und Katania im anderen Gehege abgetrennt war. Während sie so Seite an Seite lebten, würden sie eine Vertrautheit entwickeln und konnten schließlich irgendwann richtig miteinander bekannt gemacht werden. Eine stimmige Chemie in einer Beziehung konnte man weder bei Menschen noch bei Tieren voraussetzen, aber schon gar nicht bei Christian und Boy, schließlich war der Altersunterschied zu groß, und beide waren Männchen.

Unsicher, was passieren würde, aufgeregt, aber auch ängstlich fuhren wir den ahnungslosen Christian zu Georges Camp. Er folgte uns ins erste Gehege, im anderen entdeckten wir Katania und Boy. Katania war winzig und süß, aber unsere volle Aufmerksamkeit galt Boy. Er war riesig und eindrucksvoll, und ohne sich zu bewegen, richtete er seinen Blick auf Christian. Der war sich der Gegenwart des anderen sehr wohl bewusst, aber er war auch verwirrt und ängstlich und zeigte er keinerlei Bereitschaft, Boy auch nur anzusehen. Wir gingen auf Bill und George zu, die ein paar Meter von dem trennenden Gitterzaun entfernt standen. Christian zögerte, uns zu folgen, kam dann aber langsam und mit abgewandtem Blick hinter uns her. Verwirrt kauerte er sich hinter uns auf den Boden und presste sich gegen unsere Beine. Katania spürte, dass etwas in der Luft lag, und hielt sich klug abseits. Plötzlich begann Boy, Christian ungestüm anzugreifen. Dabei gab er ein ohrenbetäubendes Brüllen von sich. Unter seinem Gewicht gab der Drahtzaun leicht nach, und wir liefen erschrocken auseinander. Der arme Christian blieb, wo er war, zuckte jedoch zusammen und knurrte. Boy schien für den Augenblick zufrieden zu sein, denn er schritt befriedigt davon. Christian war völlig durcheinander und musste erst einmal getröstet werden. Er lehnte sich an unsere Beine und setzte sich auf unsere Füße, damit wir ihn ja nicht allein ließen. Die Erkenntnis, dass er nicht der einzige Löwe auf der Welt war, hatte ihm offensichtlich einen Schock versetzt. Noch schlimmer aber war, dass dieser Artgenosse mindestens doppelt so groß war wie er. Wir warteten ab und blieben etwa eine halbe Stunde lang ein paar Meter vom Zaun stehen.

Boy behielt Christian lässig im Auge. Der saß entweder auf unseren Füßen oder versteckte sich hinter unseren Beinen und gab vor zu schlafen. Boy versuchte noch ein paar Angriffe, und jedes Mal kauerte sich Christian auf den Boden und knurrte.

Wir entfernten uns vom Zaun. Boy hatte nur das getan, was zu erwarten gewesen war, denn als erwachsener Löwe verlangte er von Christian Unterwerfung. George bemerkte, dass auch Christian sich artgerecht verhalten hatte, indem er sich niedergekauert und sich einem älteren Männchen gebeugt hatte. Christian war den ganzen Tag über sehr nervös, und obwohl er Boy nicht aus den Augen ließ, blieb er dicht bei uns, immer in gebührendem Abstand vom Zaun. In dieser Nacht stellten wir zwischen unsere beiden Betten ein Extrabett für ihn, aber wir wurden immer wieder durch Boys kräftiges Gebrüll geweckt. Es machte Christian und uns Angst.

Den ganzen nächsten Tag lag Christian fast immer auf Georges Bett, obwohl er jederzeit das Gehege hätte verlassen können. Wir machten uns große Sorgen um ihn, da er sich auf dem Bett zu Hause zu fühlen schien und kein Interesse an Katania oder Boy zeigte. Ab und zu warf er einen kühlen Blick in das Nachbargehege. Erst am späten Nachmittag lief er nur wenige Meter entfernt am trennenden Zaun entlang. Katania näherte sich, und es schien, als wollte sie mit ihm flirten. Christians Interesse war eindeutig zu spüren, aber er bewegte sich keinen Schritt näher an den

Zaun heran. Boy ging auf ihn los, und wieder kauerte Christian sich hin. Dann zog er sich ganz gemächlich zurück und kam zu uns, und wir spürten, dass er einen Schritt nach vorn gemacht hatte.

Am Morgen danach baute George eine kleine Bodenluke zwischen den beiden Gehegen ein, sodass Katania entweder bei Boy oder bei Christian sein konnte. Die entscheidende Begegnung würde die zwischen Boy und Christian sein, aber Katania könnte sich dabei als hilfreiches Bindeglied erweisen. Zweimal kam sie vorsichtig durch die Öffnung, aber Christian schlief auf einem Bett und sah sie nicht. Wieder machten wir uns Gedanken über Christians mangelndes Interesse an den anderen Löwen. Er tat so, als gäbe es sie nicht, aber wir ahnten, dass er ihre Bewegungen sehr genau verfolgte.

Später nahmen wir ihn auf einen Spaziergang mit, und er wirkte erleichtert, dass er von Boy und Katania wegkam. Die Landschaft erstreckte sich endlos und wurde nur hier und da durch ein paar Felsnasen aufgelockert. George hatte diesen Platz aus mehreren Gründen für das Camp ausgewählt, vor allem aber war Kora Rock, die felsige Erhebung, die über dem Camp aufragte, ein idealer Beobachtungsposten für die Löwen. Die Gegend hier war im Vergleich zum Camp am Tana längst nicht so anziehend, aber trotzdem war auch sie recht schön: Es gab viele Grau- und Braunschattierungen und auch einzelne grüne Einsprengsel um ausgetrocknete Wasserlöcher. Das unfruchtbare und hauptsächlich von niedrigem Dornendickicht überzogene Areal war für die Löwen eine raue Gegend, um zu überleben. Christian war, könnte man sagen, in einem anderen »World's End« gelandet.

Als wir wieder zurück im Camp waren, ärgerte er die Männer, die die Hütten errichteten: Er biss dem einen oder anderen ins Hinterteil und in die Kniescheiben, und er sprang auf alles, was sie gerade schleppten. Die Afrikaner gewöhnten sich zwar an Christian, waren aber immer auf der Hut vor ihm, da sie Löwen traditionell als ihre Feinde ansehen. George stellte interessiert fest, dass Christian im Gegensatz zu den meisten anderen Löwen keine Vorurteile gegen Farbige zu haben schien. Boy, der Europäer akzeptierte, knurrte jedes Mal bedrohlich, wenn ein Afrikaner seinem Gehege zu nahe kam, Christian teilte diese Abneigung jedoch nicht und trug stattdessen den ganzen Nachmittag lang zu unserer Unterhaltung bei. Er schien die Karikatur eines Löwen zu sein.

Wenn er gut drauf war, verhielt sich Christian Boy gegenüber jedes Mal ein kleines bisschen provokativer. Er konzentrierte sich auf ihn, stolzierte dann kühn ans trennende Gitter und legte sich dort hin. Boy griff ihn an, und Christian machte kehrt und floh. Aber ein paar Minuten später ging er zurück und schien Boy herauszufordern – eine Frechheit, die den anderen Löwen so wütend machte, dass er wieder zum Angriff überging. Christian schob sogar seinen Kopf durch Katanias Luke, zog ihn aber schnell zurück, als

Boy ihn entdeckte. Vielleicht war er es leid, dass er keinen Kontakt zu ihnen hatte, aber für ihn schien es natürlicher zu sein, mit Menschen als mit anderen Löwen zusammen zu sein. Von uns wurde er auf jeden Fall mehr geschätzt.

Am nächsten Tag entschied George, dass Christian nun unbedingt Katania kennenlernen müsse, die nach ihren ersten Annäherungsversuchen keine Lust mehr gehabt hatte, Boy zu verlassen und durch die Luke zu Christian zu kommen. Für einen ausgewachsenen Löwen und eine vier Monate alte Löwin war eine derart starke, liebevolle Beziehung ungewöhnlich, denn in einem natürlichen Rudel hat der erwachsene Löwe nur wenig Kontakt zu den Welpen. Aber da sie in Naivasha zusammengelebt hatten, war Boy die Rolle als Muttersatz zugefallen. Vielleicht war ihm das ja unangenehm.

George brachte Boy aus seinem Gehege, und Christian, der sich auf seiner Seite des Zauns sicher fühlte, schlich hinter ihm her, als er vorbeikam. Boy rannte zum Zaun, aber seine Ausfälle wirkten nun längst nicht mehr so überzeugend, und wir nahmen an, dass er es allmählich leid war, seine Autorität zur Schau zu stellen. Interessanterweise reagierte Christian auf diesen Angriff wie üblich mit einem Knurren, rollte sich aber zum ersten Mal auf den Rücken. Das war die Unterwerfungsgeste des jüngeren Löwen, die Boy einforderte.

Nachdem Boy nun draußen war, konnten wir

Christian durch ein Tor in das andere Gehege bringen. Er lief sofort zum anderen Ende, wo Katania, die verstört war wegen der Trennung von Boy, auf und ab ging. Christian näherte sich ihr zutraulich, und sie tauschten eine wunderbare Begrüßung aus, indem sie sich sanft mit ihren Köpfen berührten. Fasziniert leckte und roch er an ihr. Boy beobachtete das Ganze eifersüchtig von außen, schien sich jedoch nach einem Angriff gegen den Zaun, wodurch er sein Missfallen zum Ausdruck brachte, damit abzufinden.

Christian und Katania spielten zusammen, und obwohl er viel größer war als sie, ging er sehr sanft mit ihr um. Als er ein paar Mal zu grob wurde, schrie sie. Er folgte ihr, klopfte auf ihre Hinterläufe und brachte sie zum Stolpern. Es war ein Spiel, das er und Unity sich in Leith Hill ausgedacht hatten. Christian war begeistert, einen Löwen zum Spielen zu haben, und wir fanden, dass er sich von da ab uns gegenüber ziemlich selbstgefällig und gleichgültig verhielt!

Boy wurde zu uns ins Gehege zurückgebracht, und Katania rannte durch die Luke, um ihn zu begrüßen. Nachdem er sie beschnuppert hatte, verzog er das Gesicht und fletschte die Zähne, um zu zeigen, dass er Christians Geruch missbilligte, aber ein weiterer Schritt war getan. Wir waren sehr beunruhigt, dass Boy die Nacht in unserem Gehege verbringen sollte, da auch wir noch nicht mit ihm bekannt gemacht worden waren. Entsetzt beobachteten wir, dass er es vorzog, in unserem Zelt zu schlafen, aber wir wagten es nicht, Einwände zu erheben. Es war zermürbend. Wir kannten ihn nicht, und er kannte uns nicht. Wir waren mit Christian verbunden, den er als Bedrohung empfinden musste. Mehrmals nahm er sanft unsere Arme in sein großes Maul, und es fiel uns schwer, nicht in Panik zu verfallen. Rasche, unerwartete Bewegungen können Löwen alarmieren und verängstigen, was gefährliche Folgen haben kann, also versuchten wir, einen entspannten Eindruck zu machen und keine Angst auszustrahlen. Boy urinierte überall hin, wo es ihm gefiel, und steckte auf diese Weise sein Revier ab. Uns blieb nichts anderes übrig, als uns vorsichtig um ihn herum zu bewegen. Er wirkte unergründlich, und wir waren insgeheim überzeugt, dass sein Verhalten so unberechenbar war, weil er zu viele Verletzungen, Operationen und Narkosen hinter sich hatte.

Am folgenden Tag meinte George, es sei genug Zeit verstrichen, und man könne Christian nun außerhalb des Geheges gefahrlos mit Boy bekannt machen. Auf diese Begegnung hatten wir alle gewartet, aber wir wussten genau, dass Christian, käme es zum Kampf zwischen den beiden, keine Chance gegen Boy hätte. Die Entscheidung lag bei George, und wir vertrauten seiner Erfahrung und seinem Urteil. Wir führten Christian hinauf auf den Kora Rock hinter dem Camp, wo George die Begegnung stattfinden lassen wollte. Dann führten Bill und George Boy und Katania aus einer anderen Richtung heran. Boy und Katania legten sich etwa fünfzehn Meter entfernt auf den Boden. Christian beobachtete sie aufmerksam. Zwanzig Minuten lang standen wir nervös da und warteten und sahen von einem Tier zum andern. Obwohl er voller Ungeduld war, Kontakt mit Boy aufzunehmen, spürte Christian ganz richtig, dass es ihm nicht zukam, den ersten Schritt zu tun.

Katania fand die angespannte Situation schließlich langweilig und lief auf Christian zu, und sie begrüßten einander. Boy stand sofort auf und griff Christian an. Es war ein beängstigender Moment, verstärkt durch ihr Gebrüll und ihr Knurren. Christian rollte sich unterwürfig auf den Rücken, und Boy legte sich zufrieden ein paar Meter entfernt auf den Boden. Obwohl es so aussah, als hätten sie einen heftigen Kampf ausgetragen, wild mit Pranken und Beinen um sich geschlagen, war es kaum zu einem körperlichen Kontakt gekommen, und Christian schien unverletzt zu sein.

Nach einer Pause von ungefähr zehn Minuten ging Katania, die während der Begegnung zwischen den beiden klugerweise das Feld geräumt hatte, wieder auf Christian zu, und noch einmal wurde er von Boy angegriffen. Diesmal entfernte sich der ältere Löwe und ließ Christian arg mitgenommen und in elendem Zustand zurück. Er kam zu uns, und wir trösteten ihn und führten ihn zurück ins Camp. Er hatte ein paar Kratzer abbekommen, und er hinkte leicht.

Wir hatten die Situation bewusst herbeigeführt, und nun waren wir Zeugen einer natürlichen Auseinandersetzung zwischen einem erwachsenen und einem jüngeren Löwen geworden. Trotz unserer Gefühle für Christian kamen wir uns vor wie Eindringlinge in die Welt der Tiere mit ihren festgelegten Regeln. Christian hatte instinktiv erkannt, worin seine Rolle bestand. Durch seine Unterwerfung hatte er den Verhaltenskodex der Löwenwelt akzeptiert. George bemerkte, dass Christian mit seiner Entschlossenheit, sich Boy zu stellen und nicht vor ihm zu fliehen, großen Mut bewiesen habe. In Christian wuchs offenbar die Zuneigung zu Katania, aber er war bestrebt, Boys Einverständnis zu bekommen. Um dies zu erreichen, musste er ein paar unerfreuliche, aber notwendige Vorschriften beachten.

Jetzt konnten wir alle in einem Gehege leben. Während der nächsten Tage näherte sich Christian Boy so weit, wie es der ältere Löwe zuließ. Wenn Christian zu wagemutig wurde, griff Boy ihn an, aber die Angriffe waren längst nicht mehr so heftig. Voller Bewunderung konzentrierte sich Christian ganz auf Boy und ahmte sogar dessen Bewegungen nach; er folgte ihm überallhin, setzte sich, wenn dieser sich setzte, und nahm im Liegen die gleiche Position ein. Wir sahen ihn oft hinter einer Ecke liegen, ein kluger Trick, um Boy näher zu kommen, als dieser normalerweise zulassen würde. Manchmal spielte er mit Katania, aber sie war nur ein notdürftiger Ersatz für Boy. Christian verhielt sich uns gegenüber noch immer liebevoll, aber jetzt war er ein richtiger Löwe geworden.

Jeden Morgen wanderten wir mit George und den Löwen los, bis sie sich einen Schattenplatz suchten, um dort die heißesten Stunden des Tages zu verbringen. Christian folgte Boy und Katania, setzte sich aber sofort hin und wandte den Blick ab, wann immer Boy auf ihn aufmerksam wurde. Am Nachmittag waren die drei Löwen immer noch zusammen, aber Christian lag ein paar Meter abseits. Er gehörte noch nicht zum Rudel.

Wir lebten sehr eng mit den Löwen zusammen. Das konnte Gefahren in sich bergen, aber George mit seiner Erfahrung und seinem Wissen über das Verhalten von Löwen hatte alles unter Kontrolle. Sein Vertrauen sowohl in die Löwen als auch die Menschen wurde im Lauf der Jahre manchmal kritisch hinterfragt, doch im Großen und Ganzen behielt er recht. Über unsere Nächte hätten viele wahrscheinlich den Kopf geschüttelt, denn oft verbrachten wir sie mit drei Löwen in unserem Zelt. Während Katania unsere Zehen anknabberte oder uns die Decken mopste, versteckte Christian sich unter einem Bett, und Boy ließ ein donnerndes Brüllen hören, gefolgt von einem trotzigen Grunzen.

Nach ein paar Tagen begrüßte Boy uns auf dieselbe Weise, wie er George begrüßte, und rieb seinen gewaltigen Schädel an uns. Er hatte ein friedfertiges Wesen, aber auch ein enormes Überlegenheitsgefühl. Wie bei allen Katzen musste er immer der Bestimmende sein, und er tat auch nur, was er tun wollte. Die

Dreharbeiten wurden in Kora fortgesetzt, und oftmals mussten wir stundenlang warten, bis Boy in der richtigen Position war. Christian hingegen trugen wir einfach zu der vorgesehenen Stelle und platzierten ihn so, bis er in die Kameras schaute. Für uns war Boy ein Löwe »wie er im Buche steht«, zumindest was seine äußere Erscheinung betraf, aber verglichen mit Christians jugendlichem Überschwang schien er nur wenig Persönlichkeit zu besitzen. Unser Loblied auf Boy war eigentlich nur Ausdruck unserer Erleichterung, dass er weder uns noch Christian gefressen hatte.

Christian lebte nun schon einige Wochen in Afrika. Er war widerstandsfähiger als am Anfang, seine Ballen waren hart geworden, und er wuchs zu einem sehr gut aussehenden Löwen heran. Bill beschrieb ihn als den »Jean-Paul Belmondo der Löwenwelt«. Er war immer gesund gewesen, aber eines Tages wirkte er plötzlich lustlos. Wir dachten erst, er sei deprimiert, weil Boy ihn weiterhin in seine Schranken wies. Weil aber sein Zahnfleisch so weiß und seine Nase so heiß waren, maß George seine Temperatur und diagnostizierte Zeckenfieber. Christian war gegen diese Krankheit nicht immun, aber da George damit gerechnet hatte, konnte er ihn glücklicherweise impfen. Er glaubte, dass Elsa an Zeckenfieber gestorben war und dass er sie hätte retten können, wenn er diesen Impfstoff damals schon gehabt hätte. Christian war zwei Tage lang sehr krank, aber danach erholte er sich rasch.

Da Christian und Boy nun miteinander zurechtkamen, kehrten Bill und die Filmcrew nach England zurück, um den Film zu bearbeiten. George schlug uns vor, Kora für kurze Zeit zu verlassen, sodass Christian sich an ein Leben ohne uns gewöhnen konnte. Wir beschlossen, andere Teile von Kenia und Tansania zu besuchen, bevor wir zurückkehrten, um Abschied zu nehmen.

11

Weiter so, Christian

In Kenia besuchten wir den Maasai Mara National Park und in Tansania die Serengeti, den Manyara See und den Ngorongoro-Krater. Wir sahen jede Menge Tiere: Gnus, Zebras, Antilopen, Elefanten, Schimpansen und Leoparden und riesige Vogelschwärme, darunter Flamingos, oftmals vor spektakulärer Kulisse. Die dramatische Schönheit des Ngorongoro-Kraters beeindruckte uns ganz besonders. Dort begegneten wir den eleganten Maasai, einem Hirtenvolk, das sich sein Recht auf einen traditionellen Lebensstil mit seinen Weidetieren unerschrocken erkämpft hat, heute jedoch wegen des Kampfes um Land und Ressourcen noch stärker bedroht ist als damals. Und dort sahen wir auch unsere ersten Löwen: drei Welpen und zwei Löwinnen. Tourismus ist sicherlich ein wichtiger Industriezweig, der vielen Afrikanern Arbeit gibt, aber es wirkt beunruhigend, wenn »wilde« Löwen sich offenbar nicht daran stören, dass sie von Landrovern umkreist werden, aus denen sich die Touristen lehnen, um Fotos zu machen. Eine Frau in einem Wildschutzpark, deren Führer ihr den ungewöhnlichen Anblick eines Löwen verschafft hatte, der seinen gerade erlegten Büffel gegen Geier verteidigte, sagte: »Ich bin gekommen, um zu sehen, wie ein Tier erlegt wird, was soll ich mit einem Kadaver? Fahren Sie weiter.«

Die Lodges, in denen wir übernachteten, zeigten uns die ganze Palette von Nächten unter einem einfachen Zeltdach bis zur Luxusunterkunft. Teuer waren sie alle und voll von begeisterten Touristen mittleren Alters, für die allein der Anblick eines Löwen die Kosten ihrer Afrikareise zu rechtfertigen schien. Während die Touristen offenbar Gefallen an ihren Afrikaerlebnissen fanden und sie auf diese Weise ihr Verständnis von Tieren in der Wildnis erweiterten, waren wir, die wir mit unserem eigenen Löwen nach Afrika gekommen waren, weniger leicht zufriedenzustellen. Wir waren verwöhnt durch unsere Wochen in Kora, wo wir mit mehreren Löwen lebten und uns einem Lebensrhythmus hingeben konnten, der es uns erlaubte, wirklich tief einzutauchen in Afrika. Anstatt viele Tiere vor uns aufmarschieren zu sehen, war es uns lieber, ein paar von ihnen unerwartet zu entdecken oder still am Tara zu sitzen und stundenlang den scheuen Wasserbock zu beobachten, die Paviane, die Oryx-

Antilopen und die Elefanten, wie sie sich misstrauisch der abendlichen Tränke näherten.

Wir beschlossen, Joy Adamson in ihrem Haus Elsamere am Ufer des Naivasha-Sees zu besuchen, anderthalb Stunden Fahrt von Nairobi entfernt. Bevor George seinen Standort nach Kora verlegte, hatte er dort gewohnt und beaufsichtigt, wie Boy sich von seinen Verletzungen und Operationen erholte.

Joy Adamson war gebürtige Österreicherin und 1936 zum ersten Mal nach Afrika gefahren. Sie war eine sehr talentierte Frau mit einer ausgeprägten Begeisterungsfähigkeit. Häufig orientierte sie sich an den Arbeiten und Aufgaben ihrer Partner. Sie war eine ausgezeichnete Blumen- und Pflanzenmalerin (ihr zweiter Ehemann war Botaniker), malte aber auch Tiere, Vögel und eine maßgebliche Porträtreihe über die Stämme Kenias. Viele ihrer Gemälde hängen im Nairobi Museum. Joy und George lernten sich 1942 kennen und führten bis zu ihrem Tod eine nicht immer harmonische Ehe.

Nachdem Elsa, das Löwenmädchen, von ihnen aufgezogen und ausgewildert worden war, hatten sie ihr Leben der Erhaltung von Tieren und der Rückführung verschiedener Arten in die Wildnis verschrieben. Auf der Grundlage von Georges Tagebüchern schrieb Joy das Buch *Born Free,* das 1960 veröffentlicht wurde. 1966 wurde es verfilmt. Buch und Film waren auf der ganzen Welt erfolgreich.

1961 gründete Joy den Elsa Wild Animal Appeal,

der jetzt Elsa Conservation Trust heißt. Die Dokumentation über Christians Auswilderung und das für diesen Zweck zugeteilte Land machten George zum ersten Mal finanziell unabhängig von Joy und gaben ihm einen Ort, wo er mit seinen Löwen leben konnte. Joy nahm ihm das übel, und so fühlten wir uns nicht recht wohl in unserer Haut, als wir in Elsamere eintrafen. Erstaunt stellten wir fest, dass die Sofas mit Löwenfellen überzogen waren. Als wir es wagten, Joy darauf anzusprechen, wischte sie unsere Bedenken kurzerhand beiseite: »Es gibt gute Löwen, und es gibt schlechte Löwen.«

Entgegen ihrem Ruf, schwierig zu sein und oftmals ausfallend zu werden, verhielt sie sich uns gegenüber recht freundlich. Sie war intelligent und hörte interessiert zu, als wir ihr Christians Geschichte erzählten. Als sie erfuhr, dass Boy sich von seinen Verletzungen erholte, wenngleich er noch immer humpelte, war sie erleichtert. Christians Chancen, in der Wildnis zu überleben, beurteilte sie skeptisch. »Euer dummer fetter englischer Löwe wird getötet werden, und George genauso«, sagte sie. Joy war ganz wild darauf, Kora zu besuchen, aber es ärgerte sie, dass sie von der Arbeit dort ausgeschlossen war. Obwohl *Born Free* ihr nach wie vor hohe Einnahmen bescherte, weigerte sie sich, Georges Arbeit zu unterstützen. Als sie dann schließlich Kora besuchte, war sie sehr darauf bedacht, zusammen mit Christian fotografiert zu werden, erklärte aber immer wieder: »Es ist an der Zeit, dass die Menschen die Löwen in Ruhe lassen.« Es war das zentrale Problem im Leben von Joy und George Adamson: Der Erfolg ihrer Arbeit – dass die Tiere unabhängig und selbstständig leben konnten – machte sie selbst überflüssig.

Wie andere Menschen auch, die Tiere lieben, tat sie sich schwer mit einer normalen Beziehung zu anderen Menschen. Es kümmerte sie auch nicht, dass man ihr nachsagte, sie gehe mit ihren afrikanischen Angestellten viel zu barsch um. 1980 wurde sie nach einem Streit um Geld von einem von ihnen ermordet.

Auf unserem Weg durch Nairobi brachten wir eine Blutprobe von Christian zu den Tierärzten Tony und Sue Harthoorn. Georges Diagnose Zeckenfieber war richtig gewesen, und die Ärzte sagten uns, es sei ziemlich unwahrscheinlich, dass die Krankheit wiederkommen könnte. Ein Glück, dass George über den richtigen Impfstoff verfügte. Auch Boy und Katania konnten dieses Zeckenfieber bekommen, weil sie von einem Teil Kenias in einen anderen gereist waren.

Auf unserer langen Rückfahrt verfuhren wir uns in der Dunkelheit, und wir schraken auf, als unser Landrover plötzlich angehalten wurde. Vor uns standen, soweit wir das erkennen konnten, mehrere fast nackte, mit Speeren bewaffnete Krieger. Rasch kurbelten wir unsere Fenster hoch. Doch dann erkannten wir verlegen, dass es freundliche afrikanische Kinder mit Stöcken waren, die Zigaretten haben wollten. Auf Englisch wiesen sie uns den Weg nach Kora und »Kampi ya Simba, wo der weiße Mann die Löwen hält«!

Spät in der Nacht trafen wir in Georges Camp ein. Er war in Sorge um Christian, der am Abend zum ersten Mal nicht mit Boy und Katania zurückgekommen war. George hatte nach ihm Ausschau gehalten und ihn gerufen, aber er war nicht aufgetaucht.

Doch schon wenige Minuten nach unserer Ankunft kam Christian ins Camp gerannt. Wir waren vierzehn Tage lang weg gewesen, und er sprang vor lauter Aufregung immer wieder an uns hoch. George ging davon aus, dass Christian eine Vorahnung gehabt hatte. Er glaubte nämlich, dass Löwen einen sechsten Sinn haben, ob Menschen wiederkommen oder nicht. Wenn er seine anderen in die Freiheit entlassenen Löwen besuchte, traf er oft ein verlassenes Camp an, doch nach wenigen Minuten tauchten die Tiere auf rätselhafte Weise auf.

Christian hatte uns offensichtlich vermisst und zeigte uns seine Freude, indem er glückliche Grunzer ausstieß, während er an uns hochsprang und unsere Gesichter leckte. Als wir uns hinsetzten, kletterte er einem von uns auf den Schoß und streckte sich dann so weit aus, dass er mit seinen Vorderpfoten auch den anderen berührte. Aufgeregt sprang er auf den Tisch und sorgte für ein riesiges Durcheinander. An essen war nicht zu denken und an schlafen auch nicht.

Erfreut stellten wir fest, wie gut er aussah und dass George ihn offenbar ins Herz geschlossen hatte und ihn genauso lustig fand wie wir. Eines Nachts hatte er den Fehler gemacht, ihm einen Imbiss aus Milchpulver zu geben, eine Lieblingsspeise aus Englandtagen. Seitdem folgte Christian George jeden Abend auf den Fersen, klopfte gegen seine Knöchel und stieß ihn so lange mit seinem Kopf an, bis dieser nachgab und ihm sein Milchpulver gab.

Leider hatte Boy Christian noch immer nicht akzeptiert, obwohl wir Fortschritte feststellten. George fand, dass Christian manchmal deprimiert wirkte, weil Boy seine Bewunderung nicht erwiderte. Mit Katania ging er nun sehr freundschaftlich um, und George vermutete, dass Boy eifersüchtig war und dass es dadurch immer noch Spannungen gab.

Er berichtete uns von einem Vorfall, der sich an dem Tag ereignet hatte, als wir aus Kora weggefahren waren. Er war den Löwen auf ihrem morgendlichen Gang gefolgt, und ziemlich nah am Camp hatte er ein riesiges Nashorn stehen sehen. Boy und Katania machten respektvoll einen großen Bogen darum, aber zu Georges Entsetzen marschierte Christian direkt darauf zu. Er schlich sich nach allen Regeln der Kunst an und war bis auf ein paar Meter an das Nashorn herangekommen, als es sich plötzlich umdrehte und ihn sah und wutschnaubend zum Angriff überging. Christian machte einen Satz in die Luft, sprang über ein Gebüsch und floh. George amüsierte sich köstlich, hoffte jedoch, dass Christian seine Lektion gelernt hatte.

Boy war schon mehrere Nächte lang weggeblieben und hatte versucht, ein Revier festzulegen. Wir hatten schon mehrmals einen wilden Löwen brüllen hören, und so wählte Boy ein Areal in der entgegengesetzten Richtung. George sagte, für einen einzelnen ausgewachsenen Löwen sei es unmöglich, allein ein Revier abzustecken, und so berichtete er uns, dass er sich entschlossen habe, noch zwei Löwinnen ins Camp zu holen. Man hatte ihm diese Löwinnen angeboten, die ungefähr in Christians Alter waren, nachdem sie mehrmals Weidevieh angegriffen hatten und gefangen genommen worden waren. Ohne Georges Eingreifen hätte man sie getötet.

Diesmal blieben wir nur wenige Tage bei George und Christian. Wir wanderten jeden Morgen mit den Löwen los, bis diese sich einen Baum oder einen Busch gesucht hatten, wo sie Schutz vor der Sonne fanden. Christian begleitete Boy und Katania, aber Boy schien Christian eher zu dulden als zu ermutigen. Am Nachmittag zogen wir dann mit George los, um sie zu suchen. Wir waren fasziniert von seiner Fähigkeit, ihre Fährte (Pfotenabdrücke) zu identifizieren und ihr zu folgen, und von seinem umfangreichen Wissen über Tiere und Überlebenstechniken. Am Abend kehrten die Löwen zurück, um gefüttert zu werden. George musste manchmal viele Kilometer zurücklegen, um zu einem Jagdrevier zu gelangen, wo er einen Wasserbock oder ein anderes Wild für sie erlegen konnte. Er hoffte, dass die Tiere bald selbstständig sein würden.

Wir führten lange Gespräche mit George, nicht nur

über Löwen, sondern auch über Australien und unser Leben in London und über sein Leben. George war 1906 in Indien geboren worden, wo sein Vater in der britischen Armee diente, und dann in England aufgewachsen. Fast sein ganzes Leben hatte er in Kenia als Wildhüter beim Department of Wildlife verbracht. Obwohl er oft allein lebte, bekam er immer mit, was sonst noch auf der Welt geschah. Seit er die Schule beendet hatte, war er nur noch ein einziges Mal nach England zurückgekehrt. Es interessierte ihn zu erfahren, wie London sich nach so vielen Jahren verändert hatte. Seine Informationen bekam er von Besuchern, Freunden und Bewunderern auf der ganzen Welt, und durch den *Playboy,* den er »wegen der Interviews« las.

Er erzählte uns von seinen Anfängen als Jäger. Nachdem er erkannt hatte, wie vielen Tieren die Ausrottung drohte, hatte er sich immer öfter Gedanken darüber gemacht, wie man sie erhalten könnte. Seit Elsas Tod hatte er sein Leben der Auswilderung von Löwen gewidmet.

Georges Liebe zu den Löwen war geradezu leidenschaftlich, und er war fest davon überzeugt, dass es möglich ist, Verständnis für sie zu entwickeln und mit ihnen zu kommunizieren, und zwar in einer Weise, die mit anderen Tieren unüblich, wenn nicht gar unmöglich ist. Er bewunderte ihre Würde und ihre ungeheure Fähigkeit, zu lieben und zu vertrauen, und er wollte so lange in Kampi ya Simba bleiben, bis die Löwen nicht mehr abhängig von ihm waren. Er spürte, dass Boy Christian akzeptieren würde, wonach dieser sich so sehr sehnte, und dass die anderen Löwen den Kern eines Rudels vervollständigen würden, das auch Christian mit einschloss. Er war zuversichtlich, alle Löwen erfolgreich auswildern zu können.

Eine Reihe außergewöhnlicher Zufälle hatte dazu geführt, dass wir Christian nach Afrika und zum sachkundigsten und einfühlsamsten Löwenexperten der Welt gebracht hatten. Christian war nun frei, um seine Chance in der Wildnis zu ergreifen. Eine bessere Entwicklung hätten wir uns weder vorstellen noch erträumen können, und dies milderte ein wenig unsere Traurigkeit, dass wir ihn bald verlassen mussten. Unser Leben würde erst einmal sehr leer sein ohne ihn, und der Gedanke trieb uns Tränen in die Augen. Wir fragten uns, ob wir ihn jemals wiedersehen würden, aber Christian war nach einer Reise von mehreren Generationen und Tausenden von Kilometern dorthin zurückgekehrt, wo er hingehörte.

12

Christians Fortschritte

Einige Monate nachdem wir Kora verlassen und nach London zurückgekehrt waren, erfuhren wir Neuigkeiten über Christian, Boy und Katania. George hatte uns einen Brief geschrieben, den wir hier in Auszügen wiedergeben:

Ich denke, Ihr habt von der Tragödie der armen kleinen Katania erfahren. Eines Abends im vergangenen Monat machten sich die drei Löwen auf den Weg zum Fluss, nachdem sie ausreichend gefressen hatten. Sie kehrten am Morgen des nächsten Tages nicht zurück, was jedoch nicht ungewöhnlich war, denn sie waren schon mehrmals zwei oder drei Tage weggeblieben, einmal sogar fünf. Zwei Tage später machte ich mich auf die Suche nach ihnen, aber ohne Erfolg. In den frühen Stunden des nächsten Tages tauchte Christian allein auf. Ich war besorgt, denn normalerweise waren er und Katania immer zusammen, während Boy loszog, um nach Weibchen Ausschau zu halten. Ich ging jedoch davon aus, dass Katania mit Boy zusammen war. Sehr früh am nächsten Morgen kam Boy zurück, allein.

Jetzt hatte ich wirklich Grund zur Sorge, und Christian schien genauso beunruhigt zu sein wie ich. Ich brach zu einer Suchaktion auf, sowohl zu Fuß als auch mit dem Landrover. Ich nahm Christian mit, weil ich mir von seinem Geruchssinn Hilfe versprach. Doch erst vier Tage später fand ich die Fährte der drei Löwen am Flussufer, etwa fünf Kilometer unterhalb der Stelle, wo man auf den Tana trifft, bevor man hoch zu meinem Camp fährt. Es war gut zu erkennen, dass Christian und Katania gespielt hatten und am Ufer auf und ab gerannt waren. Ich setzte ans andere Ufer über, fand dort aber nur Spuren von Boy. Da nur Christians Spuren vom Ufer wegführten, vermute ich, dass Katania vielleicht versucht hat, Boy ins Wasser zu folgen, dort jedoch, da sie so viel leichter und kleiner ist, von der Strömung erfasst und – bevor sie es ans Ufer schaffte – von einem Krokodil erwischt worden sein muss. Auch junge Löwen sind sehr gute Schwimmer, und es ist unwahrscheinlich, dass sie ertrunken ist. Es ist ein trauriger Verlust, der mir, aber auch Boy und Christian sehr zu schaffen macht. Sie haben keine Freude mehr.

Vor etwa vierzehn Tagen zog Boy wieder zu einem Ausflug über den Fluss los und kehrte mit einem Weibchen zurück. Ich konnte sie drei Tage und Nächte lang ums Camp herum hören. Eines Nachts, während Boy mit seiner Löwin beschäftigt war, hörte ich Christian am Rande des Camps knurren. Im Licht einer Taschenlampe sah ich, wie er vor einer anderen wilden Löwin stand. Sie hatte ungefähr sein Alter.

Boy und Christian sind mittlerweile gute Freunde. Tatsächlich ergreift Boy oft die Initiative beim Begrüßungsritual, wenn sie ihre Köpfe aneinanderreiben. Christian hat begonnen, in Boys Brüllen einzustimmen! Es klingt noch ein wenig unreif, aber es ist ein verdammt guter Anfang. Seine Stimme verspricht sogar noch tiefer zu werden als die von Boy. Ich glaube, dass sich die beiden vor ein paar Tagen wieder mit den Löwinnen getroffen haben, die womöglich Beute gemacht hatten, da beide nach drei Tagen wohlgenährt und überhaupt nicht hungrig zurückkamen.

Ich hoffe, dass ich die Löwinnen, von denen ich Euch erzählt habe, bald abholen kann. Laut Beschreibung, die ich bekommen habe, sind sie ungefähr vierzehn Monate alt, was bedeutet, dass sie bereits Jagderfahrung bei ihrer Mutter gesammelt haben. Sie dürften ein großer Gewinn sein, vorausgesetzt, es gelingt mir, ihr Vertrauen und ihre Freundschaft zu gewinnen.

George Adamson
12. Januar 1971
Kampi ya Simba, Kora

Bill Travers flog, kurz nachdem wir diese Nachricht von George erhalten hatten, nach Kenia und schrieb uns nach seiner Rückkehr nach England:

Lieber John, lieber Ace,

am Wochenende bin ich aus Afrika zurückgekehrt. Ich kann mir vorstellen, wie besorgt Ihr während der vergangenen Wochen gewesen seid und wie durstig nach Neuigkeiten von Christian, und so möchte ich Euch, bevor ich ins Detail gehe, wie er sich macht, als Erstes versichern, dass er lebt und wohlauf ist. Seit er das Zeckenfieber gehabt hat, als Ihr beide noch im Camp wart, scheint er keinen Tag krank gewesen zu sein. Und lebhaft ist er, das versichere ich Euch – die Prankenspuren auf meiner Khakihose legen Zeugnis davon ab. Er ist auch viel schwerer geworden, er wiegt jetzt schätzungsweise gute zweihundert Pfund, und wenn er mich besonders freundlich begrüßte, fühlte es sich nach noch mehr an. Ich bin mir ziemlich sicher, dass wir ihn jetzt nicht mehr hochheben und an der Waage des Dorfmetzgers aufhängen könnten, wie wir das in England getan haben, um für den Flug nach Kenia sein genaues Gewicht zu ermitteln, selbst wenn er das noch immer mit sich machen ließe. Sein Schultermaß entspricht dem eines ausgewachsenen Löwen. Er ist jetzt sogar so groß wie Boy, der, wie Ihr wisst, ein großer Löwe ist. Aber trotz seiner Größe ist er so zärtlich wie eh und je. Er begrüßt George ausgiebig mit Kopfreiben, leckt ihn mit seiner Sandpapierzunge, sobald George einen Fuß vor den Drahtzaun setzt, der das Camp umschließt, in das Christian nun keinen Zutritt mehr hat.

Seine Warmherzigkeit scheint der fortschreitenden Auswilderung allerdings nicht im Wege zu stehen. Darüber hinaus erleichtert sie George die Kontrolle über ihn, und die wird er während der Monate gut gebrauchen können, bis er die Löwen zuerst als Familie und dann als Wächter ihres Reviers aufgebaut hat.

Mir ist übrigens aufgefallen, dass sich sein Fell dem wärmeren Klima angepasst hat, es ist dünner, viel feiner und glatter geworden, und es verleiht ihm ein stromlinienförmigeres Aussehen, das ihn reifer wirken lässt und seinen inzwischen schönen athletischen Körperbau betont. Er ist ein wirklich prachtvoller Löwe, und es lässt sich kaum was finden, was an ihm zu bemängeln wäre, es sei denn seine Füße. Sie sind immer noch riesig. Ich kann mir nur vorstellen, dass sie erst später, wenn er richtig ausgewachsen ist, normal aussehen. Dann wird er mit Sicherheit der größte Löwe Afrikas sein.

Nachdem Ihr abgereist seid, wurden Boy und Christian dicke Freunde – sie sind beinahe unzertrennlich, und das kleine Welpenmädchen Katania, die, wie Ihr gesehen habt, beide bewundert hat, war, wenn sich die beiden übereinanderplumpsen ließen, das protestierende Mittelstück eines Sandwichs.

Leider war diese Freundschaft, wie Ihr ja schon erfahren habt, nur von kurzer Dauer. Ich werde deshalb nicht näher auf die Umstände eingehen, die uns annehmen lassen, dass Katania nicht mehr am Leben ist. Das Ganze ist doppelt tragisch: Boy und Christian haben ihre kleine Freundin verloren, und wir haben das einzige Weibchen in Georges Rudel verloren.

Es gibt aber auch gute Nachrichten. Die beiden Löwinnen, die George abgeholt hat, sind genau im richtigen Alter für

Christian – ein paar Monate jünger als er. Im Unterschied zu Christian sind sie schon ziemlich wild, und sie müssen von ihren Eltern gelernt haben, wie man jagt, auch wenn sie zum Beutemachen selbst noch zu jung sind. Wie es scheint, kennen sie auch sehr genau die strengen Regeln einer Löwengesellschaft. Ich denke, dass Christian von dieser Verbindung nur profitieren kann, da die Bürgersteige von Chelsea und das bequeme Landleben bei uns zu Hause wohl kaum die beste Schule fürs Leben waren, das er nun zu führen beginnt. George ist natürlich glücklich, denn es ist sehr wichtig, dass es wenigstens ein Weibchen in der Familie oder im Rudel gibt, das sich, wie wir alle hoffen, mit Georges Hilfe im Gebiet des Tana ansiedeln und die Freiheit und ein naturgemäßes Leben genießen wird.

Nun, ich bin mir sicher, dass kaum ein Tag vergehen wird, an dem Ihr nicht über Christian, George und Boy redet oder zumindest an sie denkt. Ich kann Euch nur sagen, dass das letzte Bild, das ich mitgenommen habe, als ich von Georges Camp wegfuhr, das der drei Freunde war, die glücklich vor dem Tor ihres »Zuhause« zusammenstanden. Ein Tätscheln, ein Händedruck, und sie blieben zurück und sahen meinem Landrover hinterher, als dieser sich holpernd auf den langen Rückweg nach Nairobi und in die Zivilisation machte. Trotz der schlechten Straße schaute ich mich oft um, und ich entdeckte Christian, wie er sich an George rieb, damit der seine kleine Mähne liebkoste, und wie er dann zu Boy weiterging, um ihn zu begrüßen und anzustupsen. Wahrscheinlich würden die beiden gleich ein wunderbar ausgedehntes Löwenspiel beginnen.

Ich fühlte mich seltsam glücklich. Ich glaube, wenn es nicht George Adamson oder Menschen wie Euch gäbe, wäre Christians Leben ganz anders verlaufen …

Mit den besten Grüßen
Euer Bill

13

Das Wiedersehen 1971 und der YouTube-Clip

Nach den ersten dramatischen Begegnungen und der langen Phase der Annäherung wurden Christian und Boy schließlich unzertrennlich, vor allem nach dem Tod von Katania. In seiner 1985 erschienenen Autobiografie *My Pride and Joy* (dt. *Meine Löwen, mein Leben)* beschreibt George Adamson die ersten Tage in Kora mit Boy und Christian als »ein paar der unterhaltsamsten Tage meines Lebens«. Die wilden Löwen hatten jedoch etwas dagegen, dass Boy, Christian und die beiden Löwinnen Monalisa und Juma, die aus Maralal im Nordosten Kenias gekommen waren, in ihr Revier eindrangen. Als einziger erwachsener Löwe und Rudelführer hatte Boy oft Auseinandersetzungen mit diesen wilden Löwen. Eines Tages kam er mit tiefen Wunden im Rücken zurück, und George versorgte ihn im sicheren Gehege. Die wilden Löwen lauerten erwartungsvoll außen vor dem Zaun, und da sie an Boy nicht herankommen konnten, griffen sie Monalisa an und töteten sie.

Boy schien große Schmerzen zu haben, und er war nun sehr viel öfter allein unterwegs. Juma und Christian, die gute Freunde geworden waren, blieben ohne Schutz zurück. George machte sich immer größere Sorgen um Boy.

Er bekam dann zwei achtzehn Monate alte Löwinnen aus dem Nairobi Park Orphanage, die er Mona und Lisa nannte (in Erinnerung an Monalisa), und ein ungestümes junges Männchen namens Supercub. Sein Vorhaben, ein selbstständiges Rudel zusammenzustellen, in dem Christian eine wichtige Rolle spielen würde, machte allmählich Fortschritte.

Aber diese Pläne und Christians Auswilderung erlitten einen tragischen Rückschlag. Es passierte am 6. Juni 1971. Boy war ein paar Tage weg gewesen, und die anderen Löwen hielten sich auf dem Kora Rock hinter dem Camp auf. George bemerkte, dass Boy zurückgekommen war, denn er hörte, wie er am Wassertrog vor dem Campgehege trank. Plötzlich hörte George Schreie aus genau dieser Richtung. Er griff nach seinem Gewehr und rannte nach draußen. Boy hatte Georges afrikanischen Helfer Stanley angegriffen.

George schrie Boy an, der auch sofort von Stanley abließ. Er erschoss Boy und eilte zu Stanley, um ihm zu helfen, aber es war schon zu spät: Der Helfer starb wenig später.

George war am Boden zerstört. Stanley war angewiesen worden, das Gehege nicht zu verlassen, aber er hatte Georges Befehle ignoriert und dadurch sein Leben verloren. George trauerte auch um einen seiner liebsten Löwen, dessen Leben von klein auf eng mit seinem eigenen verknüpft gewesen war. Der »Unfall«, wie man es nannte, machte international Schlagzeilen und wurde von der örtlichen Polizei und dem Game Department untersucht. Georges Arbeit wurde kritisiert, weil sie lebensgefährlich sei, und vorübergehend stand die Zukunft des ganzen Projekts auf der Kippe. George hatte jedoch viele Befürworter, darunter auch Regierungsbeamte, die den Wert seiner Arbeit für den kenianischen Tourismus zu schätzen wussten, und es wurde ihm gestattet, weiterhin in Kora zu bleiben.

Wir hatten inzwischen in London *A Lion Called Christian* geschrieben. Das Buch sollte im November 1971 auf den Markt kommen. Wir hatten vorgehabt, nach Kenia zu fliegen und Christian mit einer Filmcrew zu besuchen. Die zweite Dokumentation *Christian the Lion* war fast fertig, es sollte nur noch eine Wiedersehensszene eingefügt werden. Als wir jedoch von George die schockierende Nachricht hörten, verschoben wir den Besuch um ein paar Wochen.

Schließlich trafen wir in Nairobi ein, und sofort wurde uns von verschiedenen Seiten zugetragen, Boy sei angeblich schon immer das am schlechtesten einzuschätzende Exemplar der Adamson-Löwen gewesen, und Stanley habe sich Boy gegenüber schon mehrmals »respektlos« und unaufmerksam verhalten.

Wir flogen von Nairobi aus weiter, und als wir auf der Piste, die Terence Adamson ein paar Kilometer vom Camp in Kora entfernt angelegt hatte, landeten, wartete George schon auf uns. Trotz der Tragödie wirkte er ausgeglichen, und wir hofften, dass wir ihn mit unserem Besuch ein wenig ablenken könnten. Als wir nach Kampi ya Simba fuhren, versuchten wir uns zurückzuhalten und ihn nicht mit Fragen über Christian zu bombardieren. Obwohl George die Löwen schon eine Weile nicht mehr gesehen hatte, waren sie an diesem Morgen aufgetaucht und ruhten jetzt wegen der Hitze im Schatten. Das Dauercamp war inzwischen sehr viel komfortabler geworden, und wir warteten gespannt, was passieren würde. Wie würde Christian uns empfangen? Wir wussten es nicht, aber tief in uns fühlten wir, dass er sich liebevoll verhalten würde, denn er hatte uns sicherlich nicht vergessen.

Ace beschrieb das Wiedersehen in einem Brief an seine Eltern:

Die Löwen waren einen knappen Kilometer weit entfernt »untergetaucht«, und wir mussten ungeduldig mehrere Stunden lang warten, bis es nicht mehr so heiß war und die Löwen sich wieder bewegten. Endlich marschierten wir zusammen mit der Filmcrew in ihre Richtung und warteten am

Fuß von Kora Rock, während George nach oben kletterte, um Christian zu rufen. Kurz darauf tauchte Christian über uns auf dem Felsen auf – ungefähr fünfundsiebzig Meter von uns entfernt. Er starrte ein paar Sekunden lang auf uns herunter und kam dann langsam näher, um uns besser sehen zu können. Sein Blick war eindringlich. Er sah prächtig aus. Wir konnten es nicht mehr erwarten und riefen ihn. Sofort rannte er los. Vor Aufregung grunzend, sprang uns dieser GEWALTIGE Löwe an, aber er ging dabei sehr sanft vor. Bald schon liefen drei Löwinnen um uns herum – alle in Christians Alter, aber nicht annähernd so groß. Und dazu Supercub, ein entzückender fünf Monate alter Löwe. Es war unvergesslich. Christian war liebevoll wie immer. Er hatte alle seine alten Tricks auf Lager & noch ein paar neue.

George ist fasziniert von ihm – genauso wie John und ich. Er ist der gutmütigste Löwe, an den George sich erinnern kann –, und das gilt für Christians Umgang sowohl mit Menschen als auch mit anderen Löwen. Er ist in ausgezeichneter Verfassung – viel geschmeidiger, und wegen der Hitze ist seine Mähne auch nicht so stark gewachsen. Seine Tupfen sind inzwischen fast verblasst. Seine Vorderzähne sind beängstigende vier Zentimeter langes weißes Elfenbein! Es fiel uns schwer, uns an seine Größe zu gewöhnen – vor zehn Monaten hatte er ungefähr hundertsechzig Pfund gewogen, jetzt brächte er, wie George meint, dreihundert Pfund auf die Waage. Wir zeigten ihm unseren Respekt und gingen nicht mehr ganz so leichtfertig mit ihm um – schließlich war er jetzt ein erwachsener Löwe, auch wenn man immer noch viel Spaß mit ihm haben konnte. Da er nun an der Spitze seines

Rudels stand, genoss er es, diese Führungsrolle auch vor uns zu spielen. George ist begeistert von den Fortschritten seiner Löwen – sie sind zu einer »festen Einheit« geworden und können offenbar auch schon bald damit anfangen, Beute zu machen. Das hört sich blutrünstig an, aber es ist notwendig, damit sie überleben.

Nairobi, 20.7.1971

Wenn wir diesen Brief so viele Jahre später noch einmal lesen, wird die Aufregung dieses Tages wieder lebendig – der so prächtig aussehende und große Christian, der trotz seiner Begeisterung so sanft mit uns umgeht, und die um uns herumlaufenden Löwinnen. Wir wissen, dass viele Menschen denken, wir hätten Angst gehabt, aber wir hatten keine Angst vor Christian. Wir erkannten sofort den vertrauten liebevollen Ausdruck, als er auf uns zugelaufen kam. Den anderen Löwen waren wir noch nie zuvor begegnet, aber die Atmosphäre war so fröhlich, dass auch Mona, Lisa, Juma und Supercub uns warmherzig begrüßten.

Jeden Morgen wurden wir von Christians Gebrüll geweckt, und für einen Zweijährigen klang es sehr beeindruckend. In den folgenden Tagen genossen wir es, mit George den Alltag im Camp zu teilen. Morgens liefen wir mit den Löwen los, setzten uns manchmal mit Christian in den Schatten, während sie dösten, oder brachen am Spätnachmittag mit George auf, um sie zu suchen. Seit Boys Tod waren nun ein paar Wochen vergangen, und Christian fand Gefallen an seiner Position als Anführer des Rudels. Wir ließen uns von Christian vorschreiben, wie unsere Beziehung zu ihm auszusehen hatte. Wenn er spielen wollte, spielten wir, und wenn er Zuneigung wollte, gingen wir darauf ein. Wenn er zwischendurch nichts von uns wissen wollte, waren wir offenbar überflüssig, oder wir waren höchstens eine Zerstreuung, und dann ließen wir ihn einfach in Ruhe.

Die anderen Löwen kennenzulernen, die praktisch wild und in der ersten Zeit in Kora den Menschen gegenüber misstrauisch waren, machte Spaß, war aber auch eine Herausforderung. Wenn wir heute auf diese Wechselbeziehung Löwe-Mensch zurückblicken, fragen wir uns, ob George nicht vielleicht zu großes Vertrauen in uns alle gesetzt hatte. Eines Tages führte Christian uns bei einer Wanderung an. Plötzlich stürmte er unvermittelt mit gewaltigem Knurren in ein Gebüsch und jagte dann hinter Mona und Lisa her. Die beiden hatten uns aufgelauert, vermutlich aus Spaß, aber es hätte auch eine sehr gefährliche Situation werden können, wenn wir mit Angst darauf reagiert hätten oder zu Boden geworfen worden wären. Die Art, wie Christian uns schützte, rührte uns sehr. Supercub war frech und extrovertiert, Lisa dagegen sehr verspielt, und Juma und Mona verhielten sich sehr scheu. In einem Brief an Sir William Collins schrieb George, dass ausgerechnet Christian, der Löwe aus London, der den meisten Kontakt zu Menschen gehabt hatte, der Löwe war, der sich bisher in Kora am leichtesten auswildern ließ.

Kampi ya Simba war inzwischen schon fast eine Institution geworden. Georges Bruder Terence hatte ein paar wetterfeste Hütten gebaut, deren Wände sehr erfinderisch aus mit Sackleinen überzogenem Maschendraht bestanden. Darauf waren dann mehrere Lagen Zement aufgetragen worden. Die Dächer waren mit Palmwedeln gedeckt. In der größten dieser einfachen, aber sehr praktischen Hütten trafen wir uns zum Essen, sie war das Zentrum des Camps, wo George sein Radiotelefon aufgestellt hatte, seine einzige Verbindung zur Außenwelt. Er besaß auch eine alte Schreibmaschine und ein kunterbuntes Durcheinander aus Büchern, Briefen, Tagebüchern und Fotos. Es gab inzwischen einen Generator, der die Gefrierschränke mit Strom versorgte. Darin lag überwiegend das Kamelfleisch für die Löwen, das in Asako, dem nächsten Dorf, gute sechzig Kilometer entfernt, gekauft wurde. Georges Koch Hamisi kochte für uns auf einem offenen Feuer in einem extra löwensicheren Gehege.

Zur Menagerie, die das Camp umgab, gehörten laute Perlhühner, Raben, freundliche Nashornvögel, Warane und ab und zu auch unwillkommene Schlangen und Skorpione und die immer lauernden Geier, die Christian regelmäßig von seinen alten Knochen verjagte.

Der Besuch von Kampi ya Simba war eine einzigartige Erfahrung, doch wir wollten nur ein paar Tage bleiben, da es für die Löwen besser war, so wenig Kontakt wie möglich zu Menschen zu haben. Besucher des Camps waren oft enttäuscht, wenn George ihnen nicht erlaubte, sich den Löwen zu nähern, also waren wir ohnehin schon sehr privilegiert. Die Löwen mussten selbstständig werden, aber Christian hatte uns auf die wunderbarste, liebevollste und unvergessliche Weise willkommen geheißen. Die Erfahrungen dieses Tages machten uns alle euphorisch, die Löwen genauso wie die Menschen. Über YouTube können heute, fast vierzig Jahre später, Millionen von Menschen auf der ganzen Welt diese Erfahrung teilen.

Wir waren natürlich traurig, dass wir Christian wieder verlassen mussten, aber er machte einen zufriedenen Eindruck, und alles schien gut zu laufen. Die wilden Löwen waren eine Weile ruhig geblieben, und in Kora herrschte Stille. Als wir aufbrachen und unsere kleine Maschine über dem Camp kreiste, blickten Christian und die anderen Löwen vom Kora Rock auf, und als einer von uns beiden George in seinem Gehege zuwinkte, kamen dem anderen die Tränen. Ob Christian in dieser unberechenbaren und oft feindseligen Umgebung auch weiterhin Glück haben würde?

14

Der endgültige Abschied 1972

In London waren wir immer auf dem Laufenden, was mit Christian passierte, und im Januar 1972 erhielten wir zwei Briefe aus Kora. George schrieb:

Ich habe großes Glück gehabt, denn ich habe einen jungen Mann gefunden, der mich unterstützt: Tony Fitzjohn, 27 Jahre alt. Er ist so etwas wie ein Wandervogel, der sich schon in vielen Jobs versucht hat. Er ist sehr fit und kompetent.

Offenbar hatte Tony als Erstes an Joy Adamson geschrieben und bei ihr wegen eines Jobs angefragt, und sie hatte vorgeschlagen, er solle für George arbeiten, der, wie sie meinte, einen begeisterungsfähigen jungen Helfer mit vielen Fertigkeiten gebrauchen könne. Auch Tony schrieb uns:

Lieber Ace, lieber John,
obwohl wir uns nie begegnet sind, möchte ich ein paar Zeilen an Sie schreiben. Ich helfe George nun schon einige Zeit und bin von Christian genauso begeistert, wie Sie das gewesen sein müssen. Es ist erstaunlich zu sehen, wie er sich der Wildnis angepasst hat. Trotzdem hängt er immer noch sehr an George.

Wir freuten uns, dass George nun mehr Unterstützung hatte, und wir planten, ihn und Christian später im Jahr noch einmal zu besuchen. Aber die nächsten Briefe informierten uns darüber, dass das Leben für Christian und die anderen Löwen schwieriger geworden war. Ohne Boy war Christian nicht in der Lage gewesen, das Revier um das Camp herum zu verteidigen, und ein wilder Löwe, bekannt als »der Killer«, hatte den niedlichen Supercub getötet.

Christian hatte die Kämpfe mit den wilden Löwen bis jetzt überlebt. George teilte uns mit, dass er immer nur an den Vorderbeinen und Schultern verwundet worden war, was bewies, dass er mutig gekämpft hatte.

Christian hatte einen Kampf mit einem wilden Löwen ausgefochten und zwei schlimme klaffende Wunden an seinem rechten Vorderbein davongetragen. Aber das schien ihn nicht im Geringsten zu beunruhigen, und es war nicht leicht, ihn zu überreden, mir zurück ins Camp zu folgen, wo ich mich um seine Verletzungen kümmern konnte.

Christian erwies sich als außergewöhnlich tapferer junger Löwe in dieser feindseligen Umgebung, trotzdem machten sich die Enttäuschungen bei ihm bemerkbar, was katastrophale Folgen haben könnte. Eines Tages lauerte er George auf und warf ihn zu Boden, hielt ihn mit seinen Pranken fest und nahm dessen Kopf in sein Maul. Er ließ ihn jedoch rasch wieder los, und George jagte ihn mit einem Stock davon. Zum Glück war George nicht schwer verletzt, nur sein Arm hatte Wunden von Christians Pranke abbekommen. Christian wusste, dass er »gegen die Regeln verstoßen« hatte, trotzdem warf er bald darauf Tony zu Boden, versetzte ihm einen Hieb mit der Pranke und schleifte ihn am Kopf mit sich. Tony gab Christian einen kräftigen Schlag auf die Nase und kam dadurch frei. Erstaunlicherweise war auch er nicht schwer verletzt.

Wir waren schockiert, als wir von diesen Vorfällen erfuhren. Christian hätte sie leicht töten können, egal ob absichtlich oder nicht. George und Tony hatten das Gefühl, dass der heranwachsende Christian frustriert und einsam war und dass er sich in einem Territorium befand, in dem er womöglich nie leben oder ein Rudel aufbauen konnte. Die Löwinnen hatten sich mit den wilden Löwen gepaart, was für deren Auswilderung zwar ideal war, wodurch Christian aber allein zurückblieb. Wir hatten Mitleid mit Christians Situation, und wir wussten mehr denn je zu schätzen, wie privilegiert wir in unserer Beziehung zu ihm gewesen waren. Während der acht Monate, die er unter für ihn äußerst unnatürlichen Bedingungen mit uns in England verbrachte hatte, hatte er nie jemanden angegriffen. Würde sich unsere Beziehung zu ihm jetzt, wo er älter und stärker war, verändern? Wie würde er auf andere Besucher in Kora reagieren?

Im August 1972, über ein Jahr nach unserem Wiedersehen, fragten wir George, ob es möglich wäre, ihn und Christian zu besuchen und Tony Fitzjohn kennenzulernen. Er war begeistert von unserer Idee, wies uns aber darauf hin, er könne nicht garantieren, dass Christian in die Nähe des Camps kommen werde. Die wilden Löwen hatten ihn am Tana entlang flussaufwärts getrieben, und er blieb oft Wochen weg. Wir beschlossen, dennoch zu fahren, denn es hätte ja sein können, dass George gezwungen wurde, Kora zu verlassen, und dann gäbe es keine Gelegenheit mehr für uns, ihn und Christian zu besuchen.

Tony holte uns in Nairobi ab, und wir konnten vom ersten Augenblick an verstehen, welch großen Gewinn er für Kampi ya Simba darstellte und warum George ihn so gut leiden konnte. Das ist umso bemerkenswerter, weil er heute, so viele Jahre später, Georges Arbeit im Mkomazi National Park in Tansania fortsetzt und Field Director im George Adamson Wildlife Preservation Trust ist. Für seine Verdienste wurde Tony 2007 der OBE-Orden (Order of the British Empire) verliehen.

Als wir im Camp eintrafen, war George an Grippe erkrankt, aber er war glücklich, uns zu sehen, vor allem, weil wir Whisky und Gin mitgebracht hatten. Er erzählte uns, er hätte gehört, wie Christian sich mit einer wilden Löwin paarte, also könne er nicht weit weg sein. Aber erst in der dritten Nacht tauchte er zu unserer Erleichterung auf. Er sprang uns zwar nicht mehr an wie früher, aber seine Begrüßung fiel so überschwänglich aus wie immer. Auch so lautstark, wenngleich seine erregten Grunzlaute nun viel tiefer klangen. Er war riesig, und als er sich zwischen uns drängte, stieß er George um. Der war davon gar nicht begeistert.

George hielt Christian für den größten Löwen in Kenia, und mit Sicherheit war er der größte Löwe im Gebiet des Tana. Sein Gewicht schätzte George auf knappe fünfhundert Pfund. Dabei war er erst drei Jahre alt und würde noch wachsen.

Beim Abendessen lauschten wir Georges und Tonys Geschichten über Christians Abenteuer, wozu auch die Kämpfe mit den wilden Löwen gehörten, und sie versuchten, uns Christians Angriffe gegen sie beide begreiflich zu machen. Es lag auf der Hand, dass sie ihn liebten und keinen Groll gegen ihn hegten. Wir redeten den ganzen Abend lang, immer wieder unterbrochen von Christian, der zu unserer Unterhaltung beitrug und versuchte, uns von unseren Stühlen zu schubsen.

Ace schrieb wieder an seine Eltern.

Wir sahen Christian jeden Morgen & Abend. Wir gingen mit ihm spazieren und plauderten mit ihm. Er ist viel ruhiger & viel selbstbewusster als noch im letzten Jahr, und es ist ein Erlebnis, mit ihm zusammen zu sein. Albern ist er auch. Und riesig. Er sprang aber nur einmal so an mir hoch, wie er das früher gemacht hatte. Dann stand er auf den Hinterbeinen und überragte mich, aber er war ganz sanft, als er mir das Gesicht leckte. John hätte er fast zerquetscht, als er versuchte, sich bei ihm auf den Schoß zu setzen!

Im Lauf der nächsten Tage konnten wir uns davon überzeugen, wie reif Christian geworden war. So sehr er sich auch freute, uns wiederzusehen, so viel unabhängiger war er geworden im Vergleich zum Vorjahr. Er bestimmte, wann und wie lange er mit uns zusammen sein wollte, und er verbrachte viel Zeit außerhalb des Geheges. Inzwischen hatte er Tony voll und ganz akzeptiert, und er war es auch gewesen, der Tony mit anderen Löwen in Kontakt gebracht hatte. Tony sollte sich zum Experten in Überlebenstechniken entwickeln, und seine zahlreichen technischen und mechanischen Fertigkeiten erwiesen sich als unschätzbarer Gewinn für Kampi ya Simba. Er schaffte es auch, die Kommunikation des Camps mit der Außenwelt zu verbessern.

Diesmal blieben wir neun Tage, und wir sahen etwas mehr von der Umgebung. Wir gingen mit Terence angeln, der oftmals eine willkommene Fischmahlzeit für uns alle zauberte. Er kannte sich in der

Pflanzenwelt hervorragend aus und zeigte uns zwischen dem Dornengestrüpp und den Akazien die exotischen Myrrhe- und Weihrauchsträucher. Viele Pflanzen sahen ganz anders aus als im halbtrockenen Busch in Australien, aber beide Kontinente haben auch viele Gemeinsamkeiten: zahlreiche unterschiedliche Klima- und Vegetationszonen, endlose Weiten und Horizonte, grelles Sonnenlicht, einen klaren blauen Himmel und Frieden und Stille, als lebte man in einer vergangenen Zeit. Interessanterweise sprachen sowohl George als auch Joy mit uns über die Möglichkeit, gefährdete afrikanische Tiere in den fernen Wüstengegenden von Australien und anderen Ländern zu züchten. Heute allerdings weiß man, dass dies eine Bedrohung für das ohnehin schon fragile ökologische Gleichgewicht wäre.

Wir lasen Georges ausführliche Berichte an den Minister für Tourismus und Naturschutz, ein faszinierendes über mehrere Jahre geführtes Tagebuch über ein Löwenrudel mit besonderem Augenmerk auf Christians erfolgreicher Auswilderung. Es war ein Dokument von unschätzbarem Wert. In der Vergangenheit wurde die Arbeit von George und Joy oftmals kritisiert, weil sie nicht »wissenschaftlich« genug sei, da die Informationen und Ergebnisse nicht methodisch in vorgeschriebenen Formularen festgehalten worden waren. Aber indem sie viele Jahre lang mit Tieren zusammenlebten und sie über mehrere Generationen beobachteten, dabei Tagebuch führten und sich

Notizen machten, Bücher und viele Briefe schrieben, leisteten sie einen viel größeren Beitrag zum Wissen der Menschen über das Verhalten von Löwen als irgendjemand sonst.

Da die Löwinnen sich nun mit den wilden Löwen gepaart hatten, war Christian ziemlich isoliert, und so wollte Tony ein etwas jüngeres Löwenmännchen aus dem Nairobi Orphanage holen, damit er einen Gefährten bekam. Theoretisch mochte er zwar der Anführer eines Rudels sein, aber die Löwinnen verkehrten mit seinem Feind, und allein konnte er hier kein Revier aufbauen, das ihm erlaubte, eigene Welpen aufzuziehen.

Christian war bereit, eine neue Phase seines Lebens in der Wildnis zu beginnen. Er war schon über längere Zeiträume weg gewesen, vielleicht um nach einem Ort Ausschau zu halten, der besser geeignet war zum Leben. Bis jetzt hatte er erfolgreich überlebt, aber uns wurde klar, dass er sich womöglich weit vom Camp würde entfernen müssen, und keiner von uns würde ihn dann jemals wiedersehen.

Zurück in Nairobi, veranstalteten wir für eine Reihe von Leuten, die die Bedeutung von Georges Arbeit zu schätzen wussten und sie unterstützten, unter ihnen der Permanent Secretary, der Minister für Tourismus und Naturschutz und der sowjetische Botschafter in Kenia, eine Vorführung von *The Lion at World's End*. Kampi ya Simba zu unterhalten war sehr kostspielig, und es gab keine Unterstützung von Joy, die sich so verhielt, wie es von ihr zu erwarten war, und jegliche Förderung von Georges Arbeit aus dem Elsa Conservation Trust ablehnte. Bill Travers hatte sich anderen Projekten zugewandt und arbeitete gerade an einem Dokumentarfilm über Jane Goodall und deren Arbeit mit Menschenaffen. Das Geld, das Christians Dokumentarfilme einspielten, half, Georges Arbeit zu unterstützen, dazu kam die Unterstützung von Besuchern, Förderern und Bewunderern.

Als wir wieder in London waren, besuchte Tony Fitzjohn uns und teilte uns mit, dass es Christian ausnehmend gut gehe und dass zwischen ihm und einem der wilden Löwen ein recht ungewöhnliches »Friedensabkommen« ausgehandelt worden sei. Sie waren keine Freunde geworden, brüllten sich aber nur noch gegenseitig an und ließen sich ansonsten in Ruhe.

Beunruhigend war allerdings, dass einige Stammesangehörige aus Somalia und deren Vieh dicht ans Camp gezogen waren. Christian hatte ein paar Tiere gerissen, und George war in Sorge, dass man ihn aus Rache mit dem Speer töten könnte. Da es nicht erlaubt war, in dieser Gegend Vieh zu halten, sorgten das Game Department und die Polizei dafür, dass die Stammesmitglieder weiterzogen, aber die Somalier verhielten sich wie Wilderer, die Tiere des Elfenbeins, einzelner Körperteile, der Haut und anderer Trophäen wegen töten, und so sorgten sie und ihr Vieh auch weiterhin für Probleme.

15

Christians Pyramide

Anfang 1973 überquerte Christian den Tana und bewegte sich in nördlicher Richtung auf den Meru National Park zu, eine sehr viel reizvollere Gegend und ein gutes Jagdgebiet. In einem Nationalpark waren die Tiere sicherer vor Wilderern, Jägern und Stammesangehörigen mit ihrem Vieh. George war traurig und hörte schließlich auf, die Tage und Monate zu zählen, in denen Christian nicht mehr in Kora aufgetaucht war, Christian wurde nie wieder gesehen. In den folgenden Jahren warteten wir immer darauf, dass wir eine Nachricht über ihn erhielten. Wir malen uns nur allzu gern aus, dass er sich ein eigenes Revier mit einem eigenen Rudel geschaffen hatte, zu weit weg, um zurückzukommen und George zu besuchen. Wir hoffen, dass er noch zehn Jahre gelebt hat und dass seine

Nachkommen heute in Kenia auf die Jagd gehen. Auf wunderbare Weise war er nach Afrika zurückgekehrt, hatte dort die gefährlichsten Jahre überlebt und war groß und stark geworden. Wir hatten keinen Grund, irgendetwas zu bereuen.

Während der ersten sieben Jahre in Kora nahm George siebzehn Löwen auf. Die Auswilderungen verliefen erfolgreich, auch die von Christian, aber die Wechselfälle des Lebens in der Wildnis forderten viele Opfer. In seiner Autobiografie *My Pride and Joy* (dt. *Meine Löwen, mein Leben)* bezieht George sich auf Christians »Pyramide« anstatt auf sein »Rudel«. Er hatte mitbekommen, dass Christian sich mehrmals mit wilden Löwinnen paarte, und er konnte nur vermuten, dass Christian Nachwuchs hatte und damit sein eigenes biologisches Rudel. Kampi ya Simba setzte sich jedoch aus unterschiedlich alten Löwen zusammen, die George aus verschiedenen Quellen ausgewählt hatte, und aufgrund seines Wissens und seiner Geduld schuf er eine in sich schlüssige »Pyramide« von Löwen um Christian. Juma und Lisa paarten sich mit wilden Löwen und bekamen Welpen, von denen einige wiederum Nachwuchs gezeugt hatten. Da die Pyramide vollständig war, wollte George nicht noch weitere Löwen in dieses Gebiet holen, denn es hätte zu einem Ungleichgewicht der Raubtiere in dieser an Wild armen Gegend geführt. Er arbeitete an seiner Autobiografie und dokumentierte weiterhin seine Beobachtungen über die nächsten Generationen.

Dazu gehörte auch, wie uns auffiel, dass die erwachsenen männlichen Löwen in Kora zu den gefährlichsten gehörten.

Kora wurde im Oktober 1973 als Nationalpark ausgewiesen, was für George und seine Löwen Schutz durch die Regierung bedeutete und offizielle Unterstützung für sein Auswilderungsprogramm für Löwen. George betrachtete Kora als ein Denkmal für »den fröhlichen, schelmischen und mutigen jungen Löwen aus London«. Er lebte bis 1989 in Kora. Eines Tages bot ihm ein weiblicher Gast im Camp an, für ihn zur Landebahn zu fahren, weil er neue Besucher erwartete. Sie wurde auf der Straße von Wilderern angegriffen, und George, der vom Camp aus einen Schusswechsel hörte, wurde, als er ihr helfen wollte, von den Wilderern ermordet.

Es ehrt uns, dass wir George kennenlernen durften, und wir sind ihm sehr dankbar für die liebevolle Fürsorge, die er Christian zuteilwerden ließ. Wir wurden Zeuge seines außergewöhnlich großen Verständnisses für Löwen. Es war die besondere Art und Weise, wie er mit ihnen umging, wie er ihnen seine Liebe und sein Vertrauen zeigte, sodass sie ihm sogar erlaubten, dass er ihre Wunden versorgte.

Heute würde man ihn einen Löwenflüsterer nennen. Sein dokumentierter Beitrag zum weltweiten Wissen über Löwen und deren Erhaltung ist ungeheuer groß, und zusammen mit vielen anderen Menschen, die von ihm beeinflusst wurden, haben wir seitdem den Schutz und die Erhaltung von Tieren unterstützt.

Nach *Born Free* nahm das Interesse an Afrika und der dortigen Tierwelt geradezu explosionsartig zu, und Joys Verleger Sir William Collins brachte daraufhin viele wichtige Bücher auf den Markt. Dazu gehörten Jane Goodalls *In the Shadow of Man* (1971, dt. *Wilde Schimpansen, Verhaltensforschung am Gombe-Strom),* Mirella Ricciardis Fotobandklassiker *Vanishing Africa* (1971) und diverse andere Bücher, die sich mit Naturgeschichte und den Ursprüngen der Menschheit beschäftigen, wie etwa Robert Ardreys *The Territorial Imperative* (1968, dt. *Adam und sein Revier. Der Mensch im Zwang des Territoriums)* und David Attenboroughs *Life on Earth* (1979, dt. *Planet Erde).* Menschen wie sie legten die Grundlage für die heutigen Bestrebungen, die Vielfalt des Lebens auf der Erde zu erhalten, und Joy war eine der Ersten, die auf die Schäden hinwies, die aus dem Umgang des Menschen mit seiner Umwelt resultieren. All das bestätigt sich durch die ständig neuen Vorhersagen über die Auswirkungen der globalen Erderwärmung.

Eine ernüchternde Statistik besagt, dass die Anzahl der Löwen in Afrika seit Christians Zeit um zwei Drittel zurückgegangen ist. Dadurch wird Georges Informationsarchiv für die Zukunft von unschätzbarem Wert sein. Wir unterstützen aktiv verwandte Projekte, vor allem mithilfe des George Adamson Wildlife Preservation Trusts.

John besuchte Kora noch einmal. Das war 1973. Im Lauf der Jahre hat er andere Schutzprojekte in Kenia, Tansania und Südafrika unterstützt und besucht. Er ist Kurator im George Adamson Wildlife Preservation Trust (GAWPT) und hält Vorträge, zum Beispiel in der Royal Geographical Society. Darüber hinaus ist er als Journalist und PR-Berater für Reisen und Naturschutz tätig. 2008 hat er den Film *Mkomazi: The Return of the Rhino* produziert, der die Wiederaussetzung von vier schwarzen Nashörnern aus Südafrika bei Tony Fitzjohn in Mkomazi in Tansania schildert. John hat zusammen mit dem GAWPT ein Konzept erarbeitet, wie man dem Kora National Park zu neuem Leben verhelfen kann, der seit Georges Ermordung mehr oder weniger verlassen ist.

Ace kehrte nach Australien zurück, wo er sich in seinem Beruf als Kunstsachverständiger auf die australische Kunst der Aborigines und der Kolonialzeit spezialisiert hat. In Afrika kauften wir zum ersten Mal Stoffe, Schnitzereien, Perlenhalsbänder und Kunstgegenstände, und seitdem sammeln wir Stammeskunst. Von seinen Besuchen in Afrika beeinflusst, wollte Ace mehr über die ursprünglichen Bewohner Australiens, die Aborigines, erfahren. Er entdeckte eine unglaublich vielseitige und reiche künstlerische Tradition und Kultur, die aufregend modern wirkt, die aber zugleich von postkolonialer Enteignung und vielen sozialen und ökonomischen Nachteilen geprägt ist.

Dank des von YouTube neu belebten Interesses an

Christian haben wir unsere Zeit mit ihm noch einmal Revue passieren lassen. Wir haben uns Fotos angesehen, wir haben uns aufs Neue in ihn verliebt, und wir haben ihn auch vermisst. Rückblickend können wir kaum glauben, dass alles so gut verlaufen ist und dass es uns tatsächlich gelungen ist, Christian nach Afrika zurückzubringen.

Christian strahlte ein großes Charisma aus, und dieses Charisma hat sein Leben bestimmt. Er war für den Verkauf bei Harrods ausgewählt worden, weil er gut aussah und gutmütig war. Wir fanden ihn unwiderstehlich und kauften ihn gegen jede Vernunft. Von seiner Schwester Marta hätten wir uns bestimmt nicht in Versuchung führen lassen. Als Bill Travers den ersten Kontakt zu George in Kenia aufnahm, beschrieb er Christian als »einen sehr schönen Löwen«. Christian war der Star in seinem eigenen Film. Er wurde Georges Liebling und Freund, und er war beliebt bei Menschen und Löwen. Kora wurde extra wegen Christian ins Leben gerufen, und Christians erfolgreiche Anpassung sorgte dafür, dass George dort neunzehn Jahre blieb und dass Kora zum Nationalpark wurde.

Vierzig Jahre später wird Georges Arbeit noch immer weitergeführt, und Christians Magie inspiriert uns immer wieder neu, über die Beziehungen aller Lebewesen untereinander und über die dringende Notwendigkeit nachzudenken, etwas für die Erhaltung der Wildtiere zu tun. Wenn all diejenigen, die von Christians Geschichte berührt worden sind, sich zusammentun würden, um sich einiger der Probleme anzunehmen, vor denen die Weltgemeinschaft steht, was könnten wir dann alles erreichen im Geiste von Christians Liebe und von unserer Liebe zum Leben?

Danksagungen

In der 1971 erschienenen Ausgabe von *A Lion Called Christian* galt unser Dank den Menschen, die uns unterstützt haben, dass Christian überhaupt mit uns in England leben konnte und dass es ein glückliches Leben war, und wir haben auch jenen gedankt, die uns geholfen haben, ihn in die Wildnis zurückzubringen.

In London waren das: Roy Hazle, Einkäufer der Zooabteilung bei Harrods, und Sandy Lloyd; Jennifer-Mary Taylor, Joe Harding und John Barnardiston, die Inhaber von Sophistocat, dem Laden für Kiefernholzmöbel, wo Christian in der King's Road lebte; Kay Dew; unsere Nachbarn in World's End, die einiges aushalten mussten; Reverend H.R. und Mrs Williamson und Joan und Rod Thomas von der Moravian Church; Christians beste Freundin Unity Bevis-Jones;

Amelia Nathan; schließlich Bill Travers und Virginia McKenna, die uns mit George Adamson bekannt machten.

In Nairobi: Monty Ruben, Jack Block, Agneta von Rosen, Ulf und Marianne Aschan und das Ministerium für Naturschutz und Tourismus, das sich damit einverstanden erklärte, dass Christian in Kora ausgewildert wurde.

In Kampi ya Simba, Kora, nördlich von Garissa am Fluss Tana: George Adamson; sein Bruder Terence, Ingenieur und Straßenbauer; Tony Fitzjohn; die Mitarbeiter Stanley und Hamisi Farah; Georges alter Freund Nevil Baxendale und dessen Sohn Jonny (Georges Patenkind); Ken Smith, Wildhüter der Provinz Garissa; die Tierärztin Dr. Sue Harthoorn, Kameramann Simon Trevor und der Tana River Council.

Bei Collins, dem Verlag, der jenes Buch herausbrachte: Sir William Collins und unser damaliger Lektor Adrian House; Derek Cattani für seine Fotos in England und Kenia und Toni Rendall und Mandy Barrett, die das Originalmanuskript getippt haben.

Es ist traurig, dass einige dieser wichtigen Personen heute nicht mehr leben, darunter Sir William Collins, George Adamson und Bill Travers. George hätte sich über das neu entfachte Interesse an seiner Arbeit mit Löwen und über Christians Leben gefreut. Der George Adamson Wildlife Preservation Trust fördert im Gedenken an George weiterhin wichtige Naturschutzprojekte.

Wir danken auch Caroline Michel, Alexandra Henderson, Lauren Miller Cilento, Pat Bourke und Lindy Bourke sowie Sally Gaminara für ihre Hilfe und ihren Rat bei der Entstehung dieses Buchs.

Anthony (›Ace‹) Bourke und John Rendall
2009

The George Adamson Wildlife Preservation Trust

Der GEORGE ADAMSON WILDLIFE PRESERVATION TRUST wurde 1980 von ein paar Freunden und Förderern von George gegründet. Nachdem George 1989 von Wilderern in Kora ermordet worden war, wurde Tony Fitzjohn, der achtzehn Jahre lang Georges Assistent gewesen war, Field Director des Trusts.

Der erste Vorsitzende des Trusts war der inzwischen verstorbene Dr. Keith Eltringham, Dozent für Angewandte Biologie an der University of Cambridge. Der derzeitige Vorsitzende ist Bob Marshall Andrews, Queen's Counsel und Member of Parliament, und die Direktoren sind Alan Toulson und Andrew Mortimer (alle sind alte Schulfreunde von Tony von der Mill Hill School of London), Anthony Marrian, ein kenianischer Freund von George und Tony, Bürgermeister Bruce Kinloch MC, ein ehemaliger District Commissioner in Kenia und oberster Wildhüter in Uganda, Tansania und Malawi, und Brian Jackman, der namhafte Tierjournalist, der Artikel für die *Sunday Times* schreibt. Weitere Direktoren in Großbritannien sind John Rendall, Paul Chauveau, James Lucas, Tim Peet und Peter Wakeham. Alle bringen wichtige Fähigkeiten und Erfahrungen für die Weiterentwicklung und das Gelingen des Projekts mit. Trusts wurden eingerichtet in den USA, in Kenia, Tansania, Deutschland und in den Niederlanden.

Als Zeichen des Neuanfangs des Mkomazi-Projekts in Tansania gab die Royal Geographical Society einen Empfang für den GAWPT.

Das Mkomazi Game Reserve im Norden Tansanias war durch das Überhandnehmen von Wilderei, Brandrodung und Jagd und durch häufige Eingriffe des Menschen heruntergekommen. Deshalb beschloss die Regierung von Tansania 1988, das Reservat als Naturschutzgebiet wiederaufzubauen. In Verbindung mit dem GAWPT und in Partnerschaft mit der Regierung gab man Tony Fitzjohn die Gelegenheit, an einem interdisziplinären Programm für einen Neubeginn zu arbeiten. Es sollte die Wiederherstellung des Lebensraums, die Entwicklung der Infrastruktur, verschiedene Programme für gefährdete Tierarten wie den afrikanischen Wildhund und das schwarze Nashorn ebenso einschließen wie gemeindeübergreifende Programme für die Dörfer rund um das Mkomazi Game Reserve und einen Aktionsplan zur Umwelterziehung für Schüler aus diesen Dörfern.

Zwanzig Jahre später können Tony und das Netzwerk des George Adamson Trusts stolz darauf verweisen, dass die finanzielle Unterstützung großzügiger Freunde und einer Reihe bedeutender gemeinnütziger Stiftungen zu einer Aufwertung des Mkomazi Game Reserve geführt hat bis hin zum Status eines Nationalparks. Ein Nashorn-Schutzgebiet (das einzige in Tansania) wurde erfolgreich eingerichtet. Außerdem wird ein Programm für die Aufzucht, die veterinärmedizinische Betreuung und die Wiederansiedlung des afrikanischen Wildhunds durchgeführt. Seit Georges Tod 1989 ist der Kora National Park zum Weideland verkommen. Es fehlt an einem entsprechenden Management, an Stiftungsgeldern und an wirksamem Schutz vor Wilderern und illegaler Nutzung. Der Trust verhandelt derzeit mit den kenianischen Naturschutzbehörden über eine Rückkehr nach Kora, einen Wiederaufbau von Georges Camp und eine Wiederherstellung des Parks.

George Adamson Wildlife Preservation Trust
16a Park View Road
London N3 2JB

Wer zusätzliche Informationen über den GAWPT haben oder für die Weiterführung der Arbeit von

George Adamson spenden möchte, der wende sich bitte an folgende Webadressen:

In Großbritannien:
www.georgeadamson.org
In den USA:
www.wildlifenow.com